U0165716

出版編輯實務

陳謙 著

五南圖書出版公司 印行

自序

曉聲識器

操千曲而後曉聲,觀千劍而後識器。

—— 劉勰《文心雕龍・知音》

這是寫給大學生,或針對出版編輯有興趣的社會新鮮人的入門讀本。

出版向來習慣以編輯為中心,就像臺灣喜愛以臺北為中心的天龍人觀點其實一致,但這某種程度窄化了「出版」的範疇。其實出版至少包括了編輯、印刷與發行(現在流行稱為:物流)三個環節。在中國由於是社會主義經濟,所謂編印發一條龍的出版社或者集團比比皆是,在臺灣的自由經濟規模除卻二成集團化的資本力介入外,八成都是十人以下的中小企業及公司,所以以編輯為中心的思考自然成為主流。但凡敘述者必須有其操作原始形貌,因此本書雖也呈現編輯人為中心的立足點出發,但針對印刷、發行等項目也竭盡可能提供相關資訊,以便編輯出版人的基礎養成。

少子化的今日,人文科系在就業市場上一直處於弱勢已是不爭的事實。應用中文在現今已不是公文簡牘書寫那般乏味而樣板,取而代之的是新聞傳播寫作和編採出版等專業技能,這些在技職體系學院中早有共識也推廣多年,無耐少子化年代來臨,隸屬技職體系應中系多已關門歇業,應用中文在傳統中文系早列旁門左道,一些食古不化的資深主事學者雖恥以為伍,卻又不得不面對這急需面對的環境現實,故多聘用業界兼任師資支援,以杜學生渴望學習技能的悠悠之口。

業界兼任教師雖能解燃眉之急,但蜻蜓點水的學習模式,學生在學習上較難獲得出版較全面的知識,學生學習後多半一知半解,實屬缺憾,事實

上，這種問題，仍是目前全臺大半中文、華文或臺文相關學系的迷思。

　　基於上述理由，筆者興起撰寫此書的念頭，只期能對莘莘學子們有所助益。在中文學門領域中撰寫教材，一向是吃力且不討喜之事，既無利於升等又需耗費心力寫作，版稅也只能算是蠅頭小利。但筆者回想1991年開始進入出版社工作時只有高職學歷，本想頂著四項文學獎的光環進入編輯部，卻因為編輯需有大專畢業的資格門檻無法破格啓用，而從發行做起，越一年，也因自費出版詩集的慘痛經驗而發憤自勵要學好印刷而進入臺灣第三大印刷公司擔任印務近六年時間。1997年我自專科夜間部畢業，取得最低學歷的門檻車票，終於開始了二十年的專業出版經理人的生涯。

　　自2006年開始專兼任教職至今，發覺產業與學界落差實在鉅大。吾少也賤，故多能鄙事。由於筆者初入社會時學歷只有高職，出版社老闆認為我學歷不足沒有能力執行編輯任務，也因此令我一路自發行、印刷開始出版環節中下游的學習，待自身進修完成大專學歷後開始編輯工作，出版履歷竟然意外地「完整」。

　　筆者自身的編輯、印刷、發行完整經驗就是一部活生生的經驗教材，今日且盼望期待同學們能更順利的養成全方位的出版人觀念，且努力實踐，是為至盼。

陳謙

2021年寫於疫情三級警戒下的文薈樓105研究室

目 錄

上篇

基本實務篇

第一章
出版與文化創意產業

本章學習重點

一、出版定義：發表是否即為出版？

二、文化創意產業出版的位置

三、「選題」是出版傳播的核心

四、專業出版與獨立出版經營

五、出版集團經營

一、出版定義：發表是否即為出版？

　　出版定義一向多元而廣博，傳播學者甚至認為文本一經發表即是出版，這樣的擴大解釋，大概連臉書發個訊息都能叫做出版了。

　　若認真談出版，狹義的出版行為大概分成有聲與平面出版兩個大眾知悉的項目，這裡不談有聲出版（因為那是另一個產值驚人的領域），只針對平面出版品的面向討論。一般認為出版即是文本或意符的發表與呈現，是指將作品通過媒介物傳播向公眾傳布之行為。在著作權的定義中，作品一經完成不論是否出版，即享有著作權。以上當然是理想的定

義，出版著作物權利的享有，自然透過載具公開發表爲宜，才是確實而可信的證據。

　　而發表是否既爲出版？上面提及，若在傳播學門的認識下，發表是自然而廣義的出版行爲，著作（或文本）發表後，著作人當然自然取得其主張人格權及財產權的權力。但發表不等於業界認識下的出版，出版這名詞若要透過學院中藉由學者專題討論，恐怕一本專書都無法得到定論，但學院的學者往往越談論閱聽人越模糊，套一大堆自己都無法自圓其說的理論，只會搞到對出版二字心生恐懼。我對出版這項平面傳播的操作上的簡單定義，意即：

　　出版是以文字、圖像透過紙本書籍或書籍型態的電子書對閱聽人進行知識傳布的商業（或宣導）行爲。

　　這裡的文字、圖像來自於著作人辛勤的耕耘成果，媒介以現今時代而言，則分冷媒體與熱媒體，出版其以紙本媒體爲主，除卻傳布性質外更有利於知識的典藏性，因此相對於較爲即時俗稱熱媒體的電子傳媒。因此不論冷熱媒體，皆以圖（影）像或文字傳播得其閱聽人接收後，是爲傳播目地的達成。

二、文化創意產業出版的位置

　　文化係指人類共同生活經驗的彙整。藉由此經驗的傳承，人類於是透過文字或口語傳達將先人智慧一代一代傳遞下去，生活才能因經驗的法則具體化，進而免除或規避危險，減少不良經驗的重覆而使生活趨近完滿。

　　而什麼是文化創意產業呢？眾多教科書陳述的學理繁複且經常大而

無當。以里查考夫（Richarde E. Caves）2003年曾出版的書名《文化創意——以契約達成藝術與商業的媒合》來看，似乎最能說明創意產業，是一種商業與藝術家之間的契約精神，本質是合作，通過商業行銷與藝術家的勞作與生產，達成契約精神的商業模式。

而「文化」（culture）一詞的根源剖析：culture是起自於拉丁文的動詞Colere，主要的意思是指耕作土地（按，園藝的英文爲horticulture）。之後，culture又逐漸被引申爲培養一個人的興趣、精神與智能。（轉引自夏學理2008：11）在華人文化圈，柏楊曾以「醬缸文化」來統稱民國之前與民國之後的封建子民，前者是形式與意義上的封建，後者多爲精神意識上的封建。

華人社會人與人之間連結緊密，階級身份認同強烈，對同一事物看待方式漸趨雷同的情況下，擴大了「儒教」的傳遞途徑，形成封建管理上的穩固基礎。雖然民國已經一百一十年了，但所謂「文化中國」影響下的宗族社會與封建觀念，至今依然在你我心中存在，成爲在創意上最爲故步自封，廣義裏文化中國的順民。這對我們的創意思考，自然是當頭棒喝，思慮不活潑，內在力量受到牽制，創意人當好好思索才是。

我們發現：「創意」才是人類生活不斷進步的本質。「創意」才是人類生活不斷進步的本質。作爲最古老的文化創意項目之一的出版，最早被定義爲文化創意產業十三個項目其中的一項，來自於臺灣文化部的《2004年文化白皮書》，其範疇以：「視覺藝術」、「音樂及表演藝術」、「工藝」、「文化展演設施」、「設計產業」、「出版」、「電視與廣播」、「電影」、「廣告」、「數位休閒娛樂」、「設計品牌時尚產業」、「建築設計產業」和「創意生活產業」等十三個類別爲例，範圍可謂博大。書中提及：文化創意產業的提出自然有其生成背景，臺灣在新世紀世界村的風潮中，自不能置身度外，聯合國教科文組織（UNESCO）對於「文化產業」（Cultural Industries）的定義：「結

合創造、生產與商品化的方式，具有無形資產與文化概念的特性，基本上受到著作權的保障，而以產品的或是服務的形式呈現」。透過臺灣文建會的引介，UNESCO（聯合國教科文組織）進一步將文創產品大體分做三類，分別是「文化商品」、「文化服務」、「智慧財產權」等三項，內容分列列舉如下：

1. 文化商品：書本、雜誌、多媒體產品、軟體、唱片、電影、錄影帶、聲光娛樂、工藝與時尚設計。
2. 文化服務：包括了表演服務（戲院、歌劇院及馬戲團）、出版、出版品、新聞報紙、傳播及建築服務。它們也包括視聽服務（電影分銷、電視／收音機節目及家庭錄影帶等。
3. 智慧財產權：生產的所有層面，例如：複製與影印；電影展覽，有線、衛星、與廣播設施或電影院的所有權與運作等），圖書館服務、檔案、博物館與其他服務。（文建會，2004：126）

　　由上述專家意見可知，出版範疇及於以上三種範圍。而「文化創意」這詞彙本就是一個含糊籠統的概念，當下最流行的「文化創意產業學系」一如一九七〇年代臺灣大專院校新興科系的「大眾傳播系」，是一個華而不實的科系，隨口問一個大四本科生都會告訴你：我們什麼都學，但什麼都不專精。而什麼是真正的文化創意呢？在眾中多看法當中，仍是以夏學理老師的觀點較切中主題，其認為：

1. 以創意為內容的生產方式。
2. 以符號意義為產品價值的創造基礎。
3. 智慧財產權的保障。（夏學理，2008：18-19）

在人工AI智慧科技逐漸迎頭趕上的今日，唯一無法被取代的大概只剩下人類不斷推陳出新的創意。創意以滿足生活為目的，以情感為基礎。據中國網路報載：2014年5月，微軟（亞洲）自發布AI人工智能機器人第一代微軟「小冰」至今，在線聊天的用戶超過百萬人，發展到今日的「微軟小冰」四代，這位十八歲的人工智能少女，不但擔任過氣象主播，2017年更練就「十秒成詩」的技能，據說其資料庫收集1920年代以來中國519位現代詩人的字句，寫作風格且「文思跳躍，意象鮮明」，唯一遺憾的是，許多字詞內在關連性並未融會貫通，實屬萬幸，不然「是誰傳下這詩人的行業，黃昏裡掛起一盞燈」鄭愁予老師口中詩人這行業，真的就被取代了。

詩人白靈提及其作品「跳接大膽、妙句層出不窮，又絕非一般寫詩人層次，不可不謂是一種奇蹟。」可見詩人小冰並未經過情感運算，而是由資料庫裡理出相應詞彙加以排列組合。所以情感的呈現成為人類唯一的「贏面」，而情感更好的連結就是故事創意的行銷，所有的內容端的產品都可以其為基礎，出版亦作如是觀。一本好書或雜誌內容藉由文字裡故事的人物情感與意志帶出歷程，而文字或圖像就是夏學理老師所謂的「以符號意義為產品價值的創造基礎」，當然，更需著作權的立法保障，因為人類的惰性，就是會貪小便宜不斷的撿現成不斷的抄襲，既抄襲自己（有人說文學家或藝術家不斷重複自己就是自我抄襲），也抄襲別人。所以創意是進步的根源，創意是人類生存最美妙的生命節奏罷，它為生活帶來更好與進步的精神與物質的理想層次。

三、「選題」是出版傳播的核心

再則談談出版傳播當中最重要的「選題」。「選題策略」在第二章會有專文介紹這裡先界定其在眾多傳播媒體中的「位置」。

以專書出版或雜誌來看，選題都有決定性的影響。中國歷史上的四大奇書，以大家最知悉的《三國演義》來說，背景其實只是凸顯人物的環境說明，最重要的是代表人物劉備、關雲長、張飛三人個自代表不同人物性格，這些典型人物不斷被漢文化圈的國家包括臺灣、中國、南韓、日本等國的電影或連續劇、電玩等不停的沿用或轉譯，資料已多不勝數。當然這是古典範例的沿用，一些新創的素材如《哈利波特》以及許多漫威系列電影《鋼鐵人》、《美國隊長》、《蜘蛛人》也多由其工作室的紙本漫畫改編而成。所以，出版何來黃昏工業的說法呢？相較之下，它雖屬冷媒體，但卻是文創產業重要的基地。

　　拉斯威爾（H. Lasswell）的「5W」之傳播公式，其實正說明了出版選題在傳播循環中另一種積極的意義，即：

　　誰（who）→說什麼（say what）→透過什麼管道（In which chamel）→向誰（To whom）→產生什麼效果（with what Effect）？

　　說什麼（say what），正是選題工作者第一項要確認的目標，選題之後文本會積累成為主題，而文字或圖像就是出版的核心基礎素材。藉由知識的傳布，古典的出版仍以紙本作為載體，但二十一世紀的當下，電子書已跟隨電子閱讀器如手機或平版電腦跨進生活的場域，紙本已成為基本而非唯一的儲存型態，這是大家該認知的事實。向誰傳布？這是消費群的鎖定，也是所謂的「目標讀者」，選提題者自然需預設可能的消費者，如父母親會買百科或童書給小孩，青年人為自己購入職涯成長或技能學習的專書，女士們專挑家庭料理或美顏美體的參考書籍，當然還有各階段學生的參考書，純休閒娛樂的旅遊書或飲食圖鑑，純文學、漫畫、BL、命理、通俗小說等等浩繁的出版品項。

　　最後是回饋，亦即讀者的反響。出版作為仲介者，是作者與讀者

間的平臺，出版單位不能只靠熱情存活，還要永續生存實力的培育。臺灣每年新成立的出版社約有二百家，但能持續在二年後能持續出版的不到二十家，可見出版這行業進入門檻低卻獲利不易，不打算長期持有的商界大老往往一時興沖沖的介入，在最短的時間內認賠殺出，這是出版界經常見到的現象。出版要永續經營，往往要先有長期投資與投入的觀念，蜻蜓點水的暴利概念帶進出版業是行不通的。

我所服務過的出版單位大多以獲利作為模式，這當然是正確的。作為專業的經理人，我從食譜、漫畫、風水命理書做到童書、勵志等類型，偶而偷渡一兩個系列的「類」文學書，在現實與理想間走平衡木，但大多還是以現實為首要考量。除非遇到的出版單位有其文學出版的傳統，但大部分的專業經理人都跟我一樣沒這麼幸運，老闆只以數字說話，並簡單檢視你的出版品項有無他心中的「市場」。當然大家都知道要出版好書，或自己心中最感興趣的選項，所以市場大眾與分眾的選擇，也是選題很重要的一部份，當然更重要的，是來自閱聽人購買的回饋。

際此，透過此一傳播的運作模式，將有助於我們釐清出版傳播其間彼此各行其道，又彷彿隱隱擁護著自身價值核心所在的本質現象，形成了出版事業百花齊放的花園特性。

四、ISBN國際書碼的認識

在談論專業出版與獨立出版問題前，先來說明一個比較庸俗的現象，那就是出版社的規模。在號稱臺灣擁有四千家出版社的同時，其實每年出版一本書以上的單位只有不到八百家，而這八百家的一書出版社往往真的都只出版一本書就銷聲匿跡，這種學者式的出版單位或個人形成臺灣一種特殊現象，原因在於臺灣是自由的國度，國際書碼不像在中

國有所分配與管制，早期還時有販售書號的荒謬事件出現。形成只要是具有身份證的個人就能申請爲獨立的出版單位，且不一定進行銷售，有違ISBN設計的原始立意。

國際標準書號，簡稱ISBN（International Standard Book Number），是因應圖書出版、管理需要，並便於國際間出版品的交流與統計所發展的一套國際統一的編號制度，由一組冠有「ISBN」代號的13位數碼所組成，用以識別出版品所屬國別地區（語言）、出版機構、書名、版本及裝訂方式。這組號碼也可以說是圖書的代表號碼。

商品類型碼	群體識別號	出版者識別號	書名識別號／檢查號
978	986	522	005-1

以上是根據淡江大學楊宗翰老師在五南出版社出版的《破格：臺灣現代詩的評論集》所得出的13碼，細節依國家圖書館ISBN中心介紹如下：

1. 商品類型碼：此號由國際EAN商品碼規定978爲圖書商品碼。（977爲期刊商品碼）
2. 群體識別號（Group identifier）：此號由國際標準書號總部根據ISO-2108規定分配給各國或各地區的書號中心，用以區別出版者的國別地區、語文或其他相關群體（組織）。中華民國臺灣地區號碼爲「957」及「986」。
3. 出版者識別號（Publisher identifier）：此號爲各出版機構的代號，其號碼包括二位至五位數字不等，位數的長短與該出版社的出版量成反比，由書號中心視各出版機構出版情況編配。
4. 書名識別號（Title identifier）：此號用以區別各種不同內容、不同版本、不同裝訂的圖書，由書號中心編配。
5. 檢查號（Check digit）：此號由單一的數字組成，能自動核對國際標準書號的正誤。

根據國家圖書館對「適用對象」、「適用範圍」、「不適用範圍」、「編號原則」其實有以下說明，同學可在申請前了解你的出版品是否合乎規範。對於ISBN我們首要的認識是「適用對象」的界定：

　　凡在中華民國境內依法印製出版品之公司行號、政府機關、團體會社、個人等出版者，均為適用對象。

適用範圍

1. 二十頁以上的圖書。
2. 地圖、盲人點字書。
3. 附錄音帶或光碟版的有聲書。
4. 縮影型式出版品。
5. 公開發行電子出版品：磁片、機讀磁帶、光碟片等。
6. 混合型媒體出版品（以文字為主）。

不適用範圍

1. 小冊子、未滿二十頁的圖書。
2. 短暫性出版品，如：中小學教科書、考試題庫、筆記書、禮物書、習作本、習字簿、日記簿、行事曆、家計簿、日曆、農民曆、海報、散頁、戲劇和音樂會節目表、課程表、表格及著色畫、明信片、萬用卡等。
3. 音樂作品，如：錄音帶、唱片、光碟及單張樂譜。
4. 以宣傳為主的印刷品，如：簡介、導覽、展覽目錄、商品目錄、說明書、價目表、傳單等。
5. 連續性出版品，如：報紙、期刊、雜誌等。（適合申請ISSN）。
6. 無文字說明的藝術複製品。
7. 抽印本、手稿本。

8. 電子佈告欄、電子郵件及其他即時通訊軟體等。
9. 各類遊戲軟體及用品等。

編號原則

1. 每種圖書第一次出版時即應申請編號，重印（如：二刷、三刷）時不必申請新號，沿用舊的ISBN即可。
2. 不同版次和裝訂的圖書應分別編號，節縮版與原版也應分別編號。
3. 裝訂與版式有顯著變化時須重新編號。
4. 重印書的出版者如非原出版者，須重新編號。
5. 重印書更改書名時，須重新編號。
6. 同一書名之多冊書，除全套有一個編號外，各分冊亦應分別編號。
7. 再版書或重印過去無國際標準書號的圖書時須申請編號。
8. 兩家出版社聯合出版的圖書以一家登記爲準。
9. 年刊本可以同時申請國際標準書號及國際標準期刊號。
10. 電子出版品在不同版本、不同語言時，可申請新的ISBN。書目資料庫（電子百科全書）等雖然隨時在更新資料，但不需申請新的ISBN。

ISBN目前爲13碼，前三碼爲國別碼，之後爲單位辨示以及書籍系列的編號，世界上不會出現另一則13碼相同的數字，方便在國際流通。臺灣的管制較爲寬鬆，就經常出現大學老師們因爲升等需求，就自行或委託親友登記一個出版單位，形成臺灣是全世界出版僅次於日本單位最多的國家，單這些出版單位的存在其實皆有待進一步證實其眞僞。

五、專業出版與獨立出版經營

專業出版與獨立出版社以產出的「結果」來看。由於臺灣印製水準遠居全球之冠，加上設計人員美術編輯上的巧思，一些個人的獨立出版社以成品來說可謂毫不遜色。

臺灣中小企業發展蓬勃，反映在出版社之結構上毅然如此。根據文化部資料統計，2017年臺灣百分之七十六的比例當中多是十人以下的小型出版社，這些小型或微型出版社肩負專業出版的任務，往往專攻分眾的客層，以不多的出版品向維繫公司的經營，他們將學習客層區隔化，如語文學習、技能學習等專項，前者如書林出版、寂天文化、文鶴等出版社，後者如全華、攝影家、藝術圖書、農學社等。專業出版社選題較為集中而單一，有時因為出版規模擴大想到的常是另立品牌，而不是在本業上擴張。

這類微型出版社形成臺灣出版的主要核心，以專業書籍經營為大宗，編輯選題為其強項可以不斷創新及守成，印刷也因為在印製同業的價格競爭下常有物超所值的成本供給，唯一受制於人的在於經銷通路無法確實掌握，圖書生產後發行的問題，一直是小型出版單位最大的盲點與無助。

另外就是出版集團經營。

出版集團化是一種資源上中下游的積極整合，在英美與西方國家，甚至在共產體制的中國，經常是一條龍的整合，所謂一條龍包含編輯，印刷與發行三大出版主要環節。

臺灣因為中小企業主偏多，資本規模都不大，當有出版集團的出現，嚴格看來也是一種上中下游的整合才是，但這三個環節，以印刷所需資本較大，出版業經常無法包括印刷業，但卻有些印刷廠因為出版社經營上的互利積極邀請其入股而成為股東，業界皆知的案例就是其積極介入出版股權的案例，因為委印數量碩大，直到最後，中和一家以文學

起家的出版社股權多被收購殆盡，經營權跟著易主。當然也有出版社面臨倒閉，出售旗下出版單位出版品，作為債權抵押的案例。

以臺北市行天宮附近一家港資集團為例，旗下的二十多家出版社每年約以五分之一的速度汰換。這種以專業經理人為利潤中心制的出版單位，其實也等同於上一節提及的專業出版社的編輯部人事規模，人數多在十人以下。由出版社專業經理人負責選題及利潤經營管理，不同的是集團內另設有行銷部門及發行部門，肩負旗下二十幾家出版社的經銷與發行權。對外也以發行單位的名稱訴諸閱聽人，這類出版集團化的情形變成由集團的管理部主控，以發行部或通稱物流部門為事業核心，集團內的出版單位成為子公司，供應圖書給發行單位在市場流通。

城邦集團以及共和國集團都如上述方式加以運作。集團化子公司不斷替換新血，利弊毀譽參半，當然最大贏家還是讀者，那些專業經理人費盡心思集稿，誰不想做出好成績，但相對於管理者本身，自然只相信數字會說話，數字會回應該出版社是否能夠在集團中續存。十足的類資本主義白熱化之競爭關係。

第二章

著作權精神與合約規範

本章學習重點

一、認識著作權
二、著作權人格權
三、著作權財產權
四、著作合約的規範

 一、認識著作權

　　出版人要知悉的法律問題當推認識臺灣著作權法，不只高階經理人要明白，一般編輯從業人員更需具備著作權基本常識，以避免公司因觸法等考慮失當的行為而蒙受損失，且可進一步協助作者釐清著作物相關規範，比如著作物合理使用範圍、他人圖片或文字使用之授權等問題。出版合約主要規範作者與出版者間相對的權利及義務，也在於釐清授權雙方責任與著作物歸屬等。著作權目的在保護著作人其個人人格、財產及其延伸權利，不可輕忽。一般出版單位多有法律顧問之設置，但多數對於著作權這項專法就連律師也要深入法條查尋，所以從業人員擁有著

作權常識，才是自保之道。

　　根據2019年臺灣最新審定頒佈的著作權法計一萬七千多字，出版從業人員不必死背，但有些規範必須將其融入常識成為職場通識能力之一。依據中央法規標準法第八條參照：法規條文應分條書寫，冠以「第某條」字樣，並得分為項、款、目。項不冠數字，空二字書寫，款冠以一、二、三等數字，目冠以㈠、㈡、㈢等數字，並應加具標點符號。（參考資料：中央法規標準法、道路交通管理處罰條例／讀法列舉）。

　　所以「條／項／款／目」便作為檢索的依據。明白閱讀方式後，首先就範圍來了解，著作物範疇首先從名詞定義了解，就第3條第一項第一至三款條文表示：

一、著作：指屬於文學、科學、藝術或其他學術範圍之創作。
二、著作人：指創作著作之人。
三、著作權：指因著作完成所生之著作人格權及著作財產權。

基於「創作」保護原則，「文學、科學、藝術或其他學術範圍」為其保護範疇，因此採「創作保護」的立意基礎。順道提及不保護的，則為第9條第一項下列各款「不得為著作權之標的」，包括：

一、憲法、法律、命令或公文。
二、中央或地方機關就前款著作作成之翻譯物或編輯物。
三、標語及通用之符號、名詞、公式、數表、表格、簿冊或時曆。
四、單純為傳達事實之新聞報導所作成之語文著作。
五、依法令舉行之各類考試試題及其備用試題。
前項第一款所稱公文，包括公務員於職務上草擬之文告、講稿、新聞稿及其他文書。

簡言之，政府出版品除了「文學、科學、藝術或其他學術範圍」範圍之外，皆如道教善書般「歡迎助印」。國家考卷試題等文書亦無法擁有著作權，2018年散文作家張曉風指稱指考國文題目未經其授權而逕自使用，殊不知大考中心題庫所研議之題目，亦屬「依法令舉行之各類考試試題及其備用試題。」不得為著作權之標的。但如果是民間出版社使用作家張曉風的作品而不告知，則因為出版社有營利之行為恐觸著作權法。而民間之「標語及通用之符號」包含報紙或各式廣告標題或新聞寫作皆無法列入保護範圍。四至十六款專有名詞，亦請出版從業人員了解，其間「重製」山寨亦可屬之，不可不慎。第十一款「改作」如係著作人健在，或著作人亡故未滿五十年，宜先查證著作權繼承權是否有疑慮，再進行改作。第十六款「原件」係指創作原稿或發表之認定屬之。

四、公眾：指不特定人或特定之多數人。但家庭及其正常社交之多數人，不在此限。

五、重製：指以印刷、複印、錄音、錄影、攝影、筆錄或其他方法直接、間接、永久或暫時之重複製作。於劇本、音樂著作或其他類似著作演出或播送時予以錄音或錄影；或依建築設計圖或建築模型建造建築物者，亦屬之。

六、公開口述：指以言詞或其他方法向公眾傳達著作內容。

七、公開播送：指基於公眾直接收聽或收視為目的，以有線電、無線電或其他器材之廣播系統傳送訊息之方法，藉聲音或影像，向公眾傳達著作內容。由原播送人以外之人，以有線電、無線電或其他器材之廣播系統傳送訊息之方法，將原播送之聲音或影像向公眾傳達者，亦屬之。

八、公開上映：指以單一或多數視聽機或其他傳送影像之方法於同一時間向現場或現場以外一定場所之公眾傳達著作內容。

九、公開演出：指以演技、舞蹈、歌唱、彈奏樂器或其他方法向現場之公眾傳達著作內容。以擴音器或其他器材，將原播送之聲音或影像向公眾傳達者，亦屬之。

十、公開傳輸：指以有線電、無線電之網路或其他通訊方法，藉聲音或影像向公眾提供或傳達著作內容，包括使公眾得於其各自選定之時間或地點，以上述方法接收著作內容。

十一、改作：指以翻譯、編曲、改寫、拍攝影片或其他方法就原著作另為創作。

十二、散布：指不問有償或無償，將著作之原件或重製物提供公眾交易或流通。

十三、公開展示：指向公眾展示著作內容。

十四、發行：指權利人散布能滿足公眾合理需要之重製物。

十五、公開發表：指權利人以發行、播送、上映、口述、演出、展示或其他方法向公眾公開提示著作內容。

十六、原件：指著作首次附著之物。

（以上著作權法引自「全國法規資料網」修正日期版本：民國109年5月1日 https://law.moj.gov.tw/LawClass/LawAll.aspx?pcode=J0070017，以下引用同，不另做註解）

　　必須更留意的是第十五款「公開發表」，很多創作者創作完成PO上臉書等社群軟體，且設定為向第三人傳播，事實上就有公開發表的事實，要特別在意這種狀態的發生，近年來很多文學獎得獎作品遭取消資格，多半與此相關。

　　以下就從常見的著作人格權，著作財產權，著作合約規範三方面來談起。

二、著作權人格權

　　著作權區分為著作人格權與著作財產權兩大類。著作財產權一般可設定使用對象、範圍與年限，並作財產所得之分配設定。財產設定者有其著作延伸權利的範圍，在未約定的狀態下，人格權與財產權永遠歸屬著作人，並無疑義。

　　2019年高雄市政府出現一則案例，顯示對著作權法的了解，就算是在公家單位，仍有很多人有相當程度誤解且需再教育，報載：

　　白冰冰代言高雄觀光的《來去高雄》MV，因為內容大量使用齊柏林的空拍作品，引發侵犯著作權風波，齊柏林的電影公司也發出聲明，表示不希望擷取畫面重製。高雄市政府表示，已針對疏失向齊柏林的公司致歉，但仍強調擁有該影片的著作權和「著作人格權」。對此律師表示，著作人格權永遠歸屬個人，不可轉移，高市府這番話顯示其對此概念並不了解。（李育材：2019）

這邊提及的著作人格權永遠署名為：「齊柏林」或其代表之稱呼，自然不可轉移。且依據第十六條文字陳述：「著作人於著作之原件或其重製物上或於著作公開發表時，有表示其本名、別名或不具名之權利。著作人就其著作所生之衍生著作，亦有相同之權利。」也就是說創作者以本名，別名，藝名或筆名完成之著作，只要證明其完成之「確實歷程」，無論有無正式公開發表，皆屬著作完成，受到法源的保護。何況曾經公開發表，更屬明確之事證。臺灣著作權法屬積極創作保護原則，若未公開發表，事實上相關爭議不在少數，著作人當妥善管理之，適時發表為自我保護之道。

三、著作權財產權

　　與著作人格權最大的不同在於：著作人格權無消滅時限，著作財產權有其滅失年限。作者死亡後有繼承權達五十年，五十年後自然成為公共版權，但作者本名或其他冠名之人格權不得侵犯，甚至作者若不署名，亦不可佔為己有，或胡亂署名，均屬違法。

　　而財產權是可分配的，當它得到著作人同意時，可以就授權時限，授權權責，授權地區，授權語種，或獲利分配等等條件限制授權範疇。但當著作人亡故後五十年，任何公版著作均不得主張單獨持有著作。最有名的就是法國政府於1993年片面宣告聖修伯里所著《小王子》因作者失蹤而進一步認為其為政府繼續持有著作權，自然為識者所笑。當作者將文圖創作的心血交付出版單位，完成合約的議定，就可以在「合作」的基礎下商議合作模式，將甲方作者的智慧所得結合乙方的資金財務以及專業的編輯印刷發行人員進行書籍行銷，這是最常見的模式。在世界各地都有作者自費出版的現象，他們捨棄或者說自行承攬編輯及印刷業務，當然發行仍須仰賴經銷商向實體書店或網路書店通路報樣，據筆者觀察，臺灣自費出版不是銷量極佳就是極差，一律都在此兩極擺盪。此現象待下節「獨立出版」時再行補述。

　　所以甲乙雙方合意立下的契約就是雙方的權利與規範，向來並無定本，端看如何協議而已，而兩造在合議時限內共同擁有「著作財產權」，彼此一本合約精神，共同承擔盈虧方式與責任界定。

四、著作合約的規範

　　作者提供文圖稿件與出版者提供資本與製作條件，本於合作原則出發的合約規範自然是一種定型化的契約行為。在著作權法醒覺的今日，

多數作者以不再簽署所謂：著作「賣斷」行為。除非原創者覺得可放棄，一次收益較版稅情形更多的報酬而放棄著作財產權，否則多為一次性，且可限制版本的合作行為。以下就常見合約文字稍做說明。

著作出版合約書

立約人　黃大同　（以下稱甲方），河童文化事業有限公司（以下稱乙方），茲因甲方將其創作《龍的船人》（書名暫訂，以下稱著作物）之著作財產權讓與乙方，供乙方集結其他著作編輯成書或製作成電子數位產品發行（以下稱出版物），並在全球獨家出版及發行簡／繁體字版，雙方合意訂立本約，條款如下：

第一條

本著作物約計120000字。（含圖表、照片）

第二條

本著作稿作定於2021年1月15號前交付乙方。

第三條

甲方同意將本著作之全部著作財產權，包括但不限於重製、公開口述、公開播送、改作、出租及其他權利，轉讓予乙方。

第四條

甲方擔保對本著作權有全部著作權，並保證本著作之內容並無侵害他人權利之不法情事。

第五條

甲方不得另以自己或第三人名義，出版發行與本著作內容雷同之著作，致妨礙本著作之行銷。

第六條

本著作稿件應由甲方整理齊全，交予乙方。乙方得經甲方之同意，將著

作內容進行增刪修改或編輯處理。

第七條

乙方不得以不正常方法改變甲方著作之內容、形式，致損害甲方名譽。

第八條

乙方應以適當格式印刷著作物，並應為必要之廣告與推銷。

第九條

一、本著作財產權讓與價金議定為書籍出版實際印刷量乘以書籍出版物
　　訂價之8%；乙方知悉首刷版稅均以書籍定價六折購回，以利文化傳
　　播之流通，襄助書香社會之形成。

　　其餘各印量之價金於出版之次年十二月底依實際售出數量依版稅給
　　付。

二、前項所稱實際銷售量指乙方實際取得價款之出版物數量。

三、其他形式之出版物準用上述約定。

四、實際印刷量於出版之前乙方得先依市調訊息口頭或書信方式知會甲
　　方。

第十條

本著作印刷時，乙方得請求甲方無償擔任最後一次之校對。

第十一條

「出版物」應載明著作人姓名。如有改作或衍生著作者亦同。

第十二條

一、經乙方要求，甲方應協助乙方辦理著作財產權讓與登記有關事宜，
　　包括但不限於提供身分証明、印章及授權書等。

二、甲方同意出席由乙方或第三人與出版物有關之各項公開活動，包
　　括但不限於書展、簽名會、座談會、演講、訪問等。各項活動主辦
　　機關支付予出席者之車馬費、出席費或其他名目之報酬應歸甲方所
　　有。

三、乙方應贈送甲方出版物二十冊。甲方若自購出版物，乙方應以出版物定價之六折售予甲方。

第十三條

甲方之著作如經乙方授權第三人改作成廣播、電視、電影劇本或改編為其他表演形式使用，乙方取得之對價扣除相關費用後所得淨利之二分之一，應歸甲方所有。

第十四條

甲方擔保未以本著作權為標的，為第三人設定質權。

第十五條

任一方有違反本約之情事時，應賠償他方因此所受之損害，包括訴訟費用、律師費用及其他費用。

第十六條

本契約自簽約日生效。合約期限五年（自2020年12月15日至民國2025年12月15日）整。

第十七條

因本契約涉訟時，雙方合意以臺灣臺北地方法院為第一審管轄法院。

第十八條

本約未盡事宜，應由雙方依誠信原則協議之，未能協議時應依民法、著作權法及相關法規定之。

本約為雙方之惟一且完整之協議，任何修改或變更應由雙方以書面方式為之。

本約壹式貳份，由雙方各執乙份為憑。

立契約人

甲　　　方：　黃大同

身分證字號：　H1218022222

地 址：	新北市城中區大同二路36號				
乙 方：	河童文化事業有限公司				
代 表 人：	陳香銀				
編一編號：	968222222				
地 址：	臺北市北投區南華街一段428巷6-1號				
西元	2020	年	12	月	5	日

合約的抬頭，首先載明甲、乙、雙方法律上有效的正式的名稱，一般著作物出版前仍會更名，故多括弧（暫訂）兩字，此即著作物名稱。議定的著作財產權也有其比例的版稅分配，這經常是作者最關心的數字。所以重點就先落在第九條的第一款以及第二款。但書籍印製數量與成本有絕對的關係，以內文黑白呈現方式的文字稿為主的圖書，業界行情一千本以下（包含一千本）為銷售定價的百分之十，一千到三千百分之十二，三千到五千百分之十四，五千以上都在百分之十五。數字採累進的方使計算。當然多人合著，還是以以上基礎作為拆分比例，比如說2人合著，初版一千本量為作者各取百分之五，當然實際選稿或撰寫的比例作者們知道，通常會自行協調拆分比例，常見三七、八二、五五各種不同的數字。

出版單位出書有其流程安排，常配合學校開學或節慶等因素。而稿件拖欠經常是出版社遭遇的最大問題，所以常見上述規範完成後，對作者交期的約束。臺灣寫作者八成都有其他正職，如何分階段檢視作者進度是執行編輯一大挑戰，逼稿才能成篇，利誘或威脅都有其必要。這些項目通常最在合約中最先呈現，如範例第一二條載明。第三條為限定出版社的主要著作可授權的範圍並載明是否有代理作者也就是甲方行使的權力，這是個跨域的時代，一篇小說改編成電影舞臺劇或廣告都有其可

能，持項條約精神其實也可界定，甲方是否有意授權乙方進行著作財產權延伸權益之行使。

　　第四條為著作擔保，一般是要求甲方對於著作權之保有，因自古以來屢見抄襲之情事，作為責任確保，出版社對作者的責任確認以便將來有訴訟，用以究則。

第三章

專書／雜誌的選題策略與企劃

本章學習重點

一、選題策略

二、專書企劃

三、雜誌企劃

四、採訪寫作

一、選題策略

選題策略是一種主題顯現的過程與步驟，在華文出版學發達的中國稱之為「選題策劃」，聞潔（2000：4）認為：任何一個企業要想取得成功，首先需要分析和判斷自身那些優勢資源和能力構成企業的核心競爭力。在企業組織當中，透過SWOT（優勢、弱勢、機會、威脅）的分析，亦可辨別自身在眾多企業中的優劣位置。

而選題企劃中，事先的籌畫成為決定性的一環。什麼是企劃編輯呢？

企劃編輯是媒體運用其創造性的策略聯盟，由媒體守門人

（gatekeeper）提出書寫的規劃與進度，透過獎勵、邀稿、出版企劃等活動形式，促進商品傳播的活絡。通常媒體企劃編輯的近程目標是與閱聽人產生溝通上的連結，在期刊、副刊或網站、叢書中進行規劃；而企劃編輯的遠程目標，則是希望透過守門人與作者的合作與互動，讓作家的才華能發揮得淋漓盡致，進而倡導創作的風潮。（Gross, 1993；林淇瀁，2001；須文蔚，2003）。

選題策略一直是出版者最為重視的核心價值。書籍更因為有了實質內容之後，書才有了典藏的意義，進而獲得知識傳遞的價值，否則書上的文字就形同於廣告文案或商招的單純訴求而已。

書市觀察家林金郎（2019）在〈2018臺灣書市各家報告匯整〉指出：總體來看，臺灣書市從2013年到2015年雪崩式崩盤，銷售額從270億跌破200億後，至今幾年都在200億以下盤整，雖有止跌但亦無回春跡象。林金郎亦提及目前讀者閱讀趨於單一口味，即「集中於熱門易售的流行書種」，例如暢銷文學書、小確幸、實用心理、上班苦主（在職進修，人際關係等）、網路流行衍伸等等流行類書籍之趨勢。另外異軍突起的網路書店購書族呢？調查顯示，多集中於二十六到三十五歲，其中又以女性、高學歷為主要族群。而臺灣2018年每年出書量約4.4萬本，只有2萬種有上市，其中首刷大多低於1000本。新人出書比例下滑，新書有近一半是日美翻譯書，出版商九成集中北部，只有三分之一在賺錢，很多出版社開始轉向爭取政府出版品。

這項觀察提列出幾項重點值得深思，那就是自一九八〇年代金石堂書店抄作（或稱行銷）「暢銷排行榜」興起後，讀者的閱讀品味已然被悄悄改變，輕文學或流行議題已然成為購買主要品項，讀者約八成是跟著風向走，也符合八十二十的市場營銷比例原則。也就是說當有人刻意操作那百分之二十的書籍成為暢銷的樣版時，就會在市場上有將近八成的銷售額度都是那少數的百分之二十的書籍所提供。

行銷市場有句老話：懂得行銷，成就更大。在知識的平臺上文字

工作者百家爭鳴，以出版這行業來說主編或總編輯握有選稿權，這是我們這個人人都可以是自媒體的年代比較無法感受的。屬於冷媒體的出版業，在二十一世紀這個當下尤其可做為知識典藏或實驗的先驅。

隱地先生著作《大人走了，小孩老了》裡有篇〈七十年文學大小事瑣記〉，提及王盛弘與楊佳嫻編選的九歌版《一〇六年散文選》、《一〇五年散文選》，頗為不滿。他評價曰：「以前不論編書編雜誌，在選取文章時，心中總記著要講求平衡，何況『年度選集』本來就有其涵蓋面和包容性，如果換個書名──譬如換成《同溫層散文選》，當然可以把不同年齡的人選擇在外。老中青三代作家，最好都能選得代表性佳作，但楊佳嫻完全以革命俠女之姿，將文壇老將除留下一位阿盛，其餘全部掃除在門外──真是一本『一新耳目』的『年度散文選』。隔年王盛弘幾乎有樣學樣，啊，果然文學世界，如今已『煥然一新』！編選集，畢竟不是自己寫文章出書，過分排他性或潔癖個性之人不適。」

編輯權亦是一種文化主導權的展示，關於文化主導權的爭奪，或者借用葛蘭西的霸權概念來看，編輯人利用選文解釋了自己認同的優勢，延伸並擴大解釋來替換原先統治者的話語權，當然是編選者目的之一，適當不適當，端看你站在那一個立場跟角度。但這就是一場實驗與典藏之間的爭奪，不能說能對誰錯，只能說誰握有選擇權就擁有發語權，這也是二十一世紀當下不管你多大年齡，應該接受的現實。

「藝術是有意味的形式」，克萊夫‧貝爾（Clive Bell, 1991: 52），書寫不論文學非文學當然更有其主觀意味。在《藝術》這本書中明確指出文學與藝術的共通原則，人們藉此前往探求某些內容和形式的排列與組合，因而產生所謂：美學，亦稱作感性之學，而文學不等同於論述或文案，透過感性的傳染力，以出版型態傳播其影響力。

「有意味的形式」書籍恰好是最為具體的展現，而在思想的源頭，編輯人各自據有一己的意識型態，透過意識型態的生成與凝聚，以文字作為工具，從而展現在文字的場域。

〈毛詩大序〉提到：「詩者，志之所之也。在心爲志，發言爲詩，情動于中而形于言，言之不足故嗟嘆之，嗟嘆之不足故詠歌之，詠歌之不足，不知手之舞之，足之蹈之也」情動于中而形于言，透著嗟嘆歌詠而成爲詩歌，即口傳文學，若再配合手舞足蹈就等同於歌舞。

朱子在〈詩經傳序〉裡更把詩的起源做了說明：「人生而靜，天之性也；感于物而動，性之欲也。夫即有欲矣，則不能無思；即有思矣，則不能無言；即有言矣，則言之所不能盡而于咨嗟嘆之餘者，必有自然之音響節奏而不能已焉，此詩之所以作也」。性之欲也，透過文學的表達，可以透視人性深層的欲望，中西藝術文學實爲殊途同歸，透過藝術形態的表達，都以完成心中的塊壘進而感動他人爲目的。

鍾嶸（西元前468-518）提到詩經的寫作動機，曾以「緣於哀樂，感事而發。」來表示。詩的出發動機單純，但詩一旦成爲文學的一種型態，一經發表而成爲社會的公器，仍必需透過有效的載具使其完成。姚一葦（1985：15）認爲提供一個可理解的，可鑑賞的形式，讓人們感受它，且具有普遍客觀性，就是藝術作品與心靈互通最奧秘的所在。朱光潛（1984：41-50）則以爲文學是一種外射（Projection）作用，是人們理性與感性交溶所呈現的「移情作用」。且更需「體物入微」，設身處地的感受並分享其中人物的生命感受與歷程。

策略一詞最早可能延用自軍隊的術語，在中國經常以戰略來統攝它，究其涵義：「是指需要達成的目標或使命，所需的行動方向與資源的分配」（張志育，2002：202）。行動方向爲一連串的步驟，可包括分析當前情勢，決定策略，將策略付諸行動，並在需要時加以評估、調整、改善，它的基本程序，可透過管理的概念：計劃、組織、領導及控管來達成。而策略性的管理與其他管理型態有三項較大的差異：

1. 策略性管理著重於組織與外在環境之互動。
2. 策略性管理強調組織內部各部門的整合與互動。

3.策略性管理注重組織未來的方向。（Coultpr, 1998: 8-9）

　　就Coultpr的三個面向而言，可說是掌握了組織靈活善變的風貌，對於市也存在著良好的互動。霍而格貝姆（Holger Behm, 1998: 25）認為一般的出版策略大致要先考慮四大問題，那就是：第一，出版單位擁有那些資源和能力；第二，明確的目標讀者；第三，有那些通路可作銷售；第四，分析市場的競爭優勢和劣勢。

　　什麼是正確的選題工作呢？

　　在中國，選題工作一直是出版者核心的價值所在。他們相信「選題的競爭是出版業競爭的焦點」。（李海昆，1996：76）李海昆將選題決策區分為「經驗決策」與「科學決策」兩種，經驗決策偏重於直覺，為編輯人多年來累積的豐富工作經驗據以比較、分析所得之判斷。科學決策則需應用大量的統計（數字）手段，制訂程序模組，決策程序為：依選題估計銷售潛力→獲利與成本預估→計算最佳印刷數量→定價策略制訂→行銷成本或媒體購買→決定出版（李海昆，1996：76-85），等等。

　　就決策機制而言，臺灣出版企劃的觀念自戰後可分成三個階段[1]四種類型[2]，以臺灣出版傳播來看，似乎只在「出版者為中心」的地方停留。

　　以出版者為中心，在乎的是該守門人，「決定傳播什麼和怎樣傳播」（Ray Eldon Hiebert, 1996: 17），什麼是決定決策的因素呢？Stephen J.Hoch認為興起於「直覺」，以下圖表可見決策的三個階段：

---

[1] 丁希如（1999）認為，自戰後至今可依企劃編輯觀念的不同，共分為以書稿來源為中心、以出版者為中心、以市場為中心三個階段。

[2] 吳適意（2003）則將編輯決策風格區分為「分析型」、「概念型」、「行為型」與「主導型」四種。

表2-1　決策的階段

決策活動	適用的方法
鑒別相關屬性	直覺
評價每一屬性水平	直覺
綜合個別的屬性	模式

資料來源：（Stephen J. Hoch: 90）

　　根據表2-1所示，決策的模式興起於「相關屬性」的判定，然後針對每一個別屬性的標準做出裁定，以上皆屬直覺階段，對刊物來說，則仰賴刊物守門人的專家判斷。藉以糾集更多「相關屬性」的作品，而形成第三階段的「綜合個別的屬性」的「模式」運作。

　　而專題編輯企劃的形成，常有其長遠的考慮。根據表2-2決策的方法可以知道，東方民族由於傾向於長期權衡的深思熟慮狀態，常形成帶狀的思考方式，重視歷史意義與價值，成為詩刊在專題企劃編輯中著重的事項。

表2-2　決策的方法

東方的思考方法	西方的權宜之計
深思熟慮	權宜之計
長期（權衡的觀點）	短期（短視）
冷靜的心態	情緒化心態

資料來源：（Stephen J. Hoch: 100）

　　林淇瀁，曾試著為「文學傳播」下此定義：

　　文學傳播，乃是文學傳播者（作家或編著）掌握某一事項，加以描寫（或反應），在某一情境中，透過某一媒介，提供某一

訊息，並以某一表現形式（小說、詩、散文等），在某一情境架構中（文本或文學情境架構）中傳遞內容（或文學訊息），而產生某種效應的傳播過程。（林淇瀁2001：14）

在傳播者，媒介，表現形式、文本、效應中文學傳播於爲完成，似乎更符合「5W」之傳播公式的內涵。中國學者王建輝（2000：27）則用馬克思的體系來說明，他提到社會的主體是人，這些人有怎樣的思想，就會產生什麼樣的社會網絡，而通過具體策劃的部分，就得用刊物來加以實踐。際此詩刊成爲詩人主要的論述場域，而對於出版權力的實際支配者，當然非企劃者與編輯人員莫屬。

由此出版現象得知，編輯人藉由相同意識型態的凝聚，發展出論述型態各異的專業性質，這些多半由詩刊守門人基於Stephen J. Hoch的「直覺」及「模組」出發，產生作品的選題。選題策略中，編輯社群社從意識型態到設計美學之呈現，以及環境變遷與刊物角色扮演的之關連性，背後皆有典律建構的實質考慮。

二、專書企劃

㈠書系與專書出版

專書通常是系列書籍的一部份，系列書籍又稱爲「書系」，書系是形成出版社形象的主要脈絡以及最顯明的印記，它自成一個系統，有時候成爲辨識該出版社最爲清晰的符號。美國臺灣出版社的「新臺灣文庫」，志文出版社的「新潮文庫」，皇冠出版社的「三色菫」，桂冠出版社的「新知叢刊」等都是出版界津津樂道的書系典範。

好的書系建立還要仰賴期間單行本的撰文企劃。來稿常分爲邀稿與自來稿，邀稿經主題與撰寫者的設定，必要時檢視其內容進度，多參與

內容討論，多半可達成出版社預期的效應。而自來稿又稱投稿，良莠不一，需先審稿看是否符合出版社的政治、利益、書系性質、市場等等錯綜複雜的因素。出版工作近年來也多有出版單位轉向公單位或非營利組職合作的機會，這時候，企劃書的書寫尤其格外重要。

㈡企劃書撰寫與範例

企劃書撰寫格式繁複但可用於出版品項的並不多見，這邊提供業界經常使用的三一原則。

類型企劃以供參酌，所謂三一就是以一種預設書名或標題，貫穿執行前／執行中／執行後一種過去／現在／未來的「全視界」掌握。

1. 1-5項執行前：
⑴ 標題名稱：標提案名要有吸引力及想像力，牢牢抓住客層的消費心態。
⑵ 團隊：包含主要撰寫人員企劃人員及支援人員三類。
⑶ 書籍規格部分內容或目次的撰寫，有助於客戶從中理解案源細節與方向。

2. 6-10項執行中：
工作步驟／預期進度／經費配置可謂三位一體同時進行。經費到位後通常以條列明細時點的方式排定進度與步驟，工作比較簡略時也可以「甘特圖」輔助觀看。是工作計畫訂定時不可少的環節。

3. 11-12項執行成果：
書籍完成後如何透過各種通路上是並結合記者會發佈消息，都是宣傳的必要手段。預期成果則是想像的藍圖，一般可繳回開始的主題，不可自相矛盾。

一、計畫名稱：
二、編輯目的：

三、計畫主持人：

四、計畫內容（含編撰大綱）：

五、書籍規格與內容：

六、所需行政支援：

七、預期進度：

八、工作團隊：

九、工作步驟：

十、經費配置：

十一、行銷規畫：

十二、預期成果：

　　以上為格式寫作範例。真實寫作時可依現實情況微調順序狀況，以筆者曾經執行的企劃書為例，可參酌如下：

「臺灣農會史」系列編撰計畫書

一、**計畫名稱**：《臺灣農會圖像集》編輯計畫

二、**編輯目的**：

1. 在兼具歷史文化價值與商業行銷價值，以專業性為主、通俗性為輔的前提下，編輯出版臺灣第一套臺灣農會史系列書籍。

2. 忠實紀錄百年臺灣農會的發展軌跡。

3. 保留百年臺灣農會的歷史圖像與史料。

4. 評論百年臺灣農會的發展與影響。

5. 適逢農訓成立30周年，以《臺灣農會史》系列做為見證臺灣農會發展之獻禮。

三、**計畫主持人**：

1. 王大同，中國文化大學政治學博士，中原大學管理學院兼任教師，

河童文化出版公司總編輯，地方文史工作者，已出版專業文史著作《臺灣歷史說給你聽》等有聲書。

　2.陳謙，南華大學出版學碩士，佛光大學文學博士，專業出版經理人。

四、計畫內容（含編撰大綱）：

　編輯體例

　　本書編排方式分前言、內文、附錄（農會小編年）三部份。

　　1.前言部份：敘明本書製作目的、預期目標、影響等出版動機。

　　2.內文部份：以百年農會為經，以主題呈現為緯，為顧及一般讀者需求，採行圖文整合方式呈顯常民生活風貌。

　　3.附錄部份：以編年體模組，藉由關鍵事件的呈現，彰顯出百年來農會的實際政策、發展與影響。

五、工作步驟：

　　本書出版區分作三個階段，分別為資料整合期，編撰期，印製與行銷企劃期。

　　1.資料整合期：（99年7、8月）收集本書相關圖片匯整成選題資料，透過初期密集的編輯會議，選定主題加以試寫、討論，確認寫作與編撰方向。

　　2.編撰期：（99年9、10月）主體架構確認後，加強圖片蒐集，配合文字說明圖像背後的歷史光澤，注重土地與人民情感的連結，並適時置入農會關鍵腳色的扮演。

　　3.印製與行銷企劃期：（99年11、12月）校稿審閱期間，進行活動的傳播，必要時專案進行媒體購買，相關企劃詳情將另行提案討論。

六、預期進度：

　　1.資料整合期：（99年7、8月）

(1)圖片資料

(2)選題會議

(3)圖文編撰初稿

2.編撰期：（99年9、10月）

(1)目錄討論完成

(2)依章節撰寫

(3)審閱與校定

3.印製與行銷企劃期（99年11、12月）

(1)活動（策展）記者會（視需求協議之）

(2)印製作業督印

(3)發行與行銷購買

七、經費配置：（經費預算為新臺幣1,100,000元整／含稅）

1.印製費60萬

(1)精裝書含書套700套，對外建議售價2200

(2)平裝書800本，對外建議售價1000

(3)試算後，精裝本約售出600套（以七五折售出）既可打平總成本。

2.人事費25萬（文編＋美編）

3.圖片版權文物費25萬

……………………………………

4.企劃策展費（行銷活動）約10萬（另議）

※本項次可折抵400本平裝書交予河童文化販售。

八、工作團隊：

協同主持人（圖文編撰者）：

1.陳謙，本名陳文成，佛光大學文學博士，南華大學出版事業管理碩士，曾任專業出版經理人兼總編輯、時報周刊編輯、電視編

劇，現任國立臺北教育大學語文與創作學系助理教授，已出版著作《水岸桃花源》等十三種。

2.陳美津，文化大學中文系畢業，河童文化編輯部主編，本書執行編輯。

3.顧文儀，臺北藝術大學美術系畢業，河童文化編輯部美術編輯。

九、書籍規格與內容：

建議開本規格如下

1.G8K（21×30cm）

2.全彩，224頁，裝訂分「精裝」700本以及「軟皮精裝」800本兩款

3.內文紙張採永豐150gm²雪銅紙

4.封面紙張採永豐120gm²特銅紙

十、行銷規畫：（第一波）

99年11月企劃策展「百年臺灣農會歷史圖像」

召開記者會，預告書籍出版訊息。

十一、所需行政支援

1.成立審訂小組，定期召開週會、月會、編輯會報

2.提供編年所需資料以利撰寫附錄。

十二、預期成果：

1.運用商業行銷手法，推廣臺灣農會所具備之文化歷史之價值，本書以豐富的圖像、深入淺出的文筆，期能融合出職能專業與通俗閱讀的雙重特性，具有「臺灣第一」的農會出版物，無可取代的典律價值。

2.「百年臺灣農會歷史圖像展」忠實紀錄百年臺灣農會的發展軌跡與歷史圖像及史料，焦點清晰，可有效增強書籍曝光率。

3.以《臺灣農會圖像集》一書作為系列叢書的首冊，又適逢農訓成立30周年，若做為見證臺灣農會發展之見證，自然相當益彰。

三、雜誌企劃

㈠「期刊」

　　雜誌又稱為「期刊」，刊期會影響出版的節奏。根據行政院新聞局對雜誌的定義是「用一定名稱、刊期在7日以上3個月以下期間，按期發行，並依公司法或商業登記法申設登記之雜誌事業。」其實坊間也有以同仁刊物發行的半年刊或年刊，不過因為出刊間隔過久，一般也會以MOOK書籍專題的方式出現，有些會去申請ISBN而不是ISSN。臺灣每月約有5000種雜誌出版，跟每年近四萬本專書新書出版量來比較，不遑多讓。1999年1月25日經總統令公告廢止《出版法》後，言論終於自由，沒有審查的出版天空，任何題材都可以百花齊放，暢所欲言，大眾跟分眾中類型與內容紛紛出籠：兒童、語言、文學、社會、財經、娛樂、藝術、生活新聞、政論、科學、時尚、健康、科技、電腦、管理、休閒、教育、通訊……無所不包。

　　按期出版的刊物，自有一定的發行週期，月刊或週刊是比較常見的經營型態，學術圈或文人圈常有季刊的發行，一般多為非營利的考量，上述的半年刊及年刊也主要是典藏意味或同仁喜好的設定。但不論刊期長短，是否營利取向，編者素養加上美術及版面企劃能力，稿件的過濾、邀、退稿的處理、財務管理、發行銷售等等作業程序，都不可輕忽。

　　雜誌的內容是刊物價值所在，我們從生活中來，也該從生活中回去，所以雜誌的「分眾」是刊物的第一項核心能力。以讀者為中心，才能為讀者提供問題的知識理解和那問題之解決辦法，受讀者歡迎的刊物，才能在資訊如洪流般的今日，贏得閱聽人的青睞。

(二)「專題」內容與「封面故事」

要能符合讀者的需要，並提供滿足，最要緊的當屬「專題」的製作。

每一本雜誌每期都該有一個主題也就是「封面故事」，就像每一張專輯都有一首主打歌，每一支世界盃冠軍足球隊都有一位耀眼的球星，所以「封面故事」是該期的焦點與靈魂。

雜誌通常透過編輯會議決定主題與子題，所以有主稿跟副稿（主題跟副題）的差異。但主副稿位置也不定是相對的，有時在出版前的編輯會議，因為若干問題主副異位也有可能，這時候主題稿會面臨刪字，副稿就會增加篇幅披掛上陣。主副稿之外常見專欄的設置，多半廣邀領域中的專家定期撰文。話題性不高，很多在「稿躋」的狀況下會被撤換，專欄作家多有補白之效果。一般**雜誌編輯內容構成常分為人物或議題**，前者多是知名人士或議題熱點多為事件的故事報導。

(三)雜誌五要素：目錄、專欄、社論、主題稿件、廣編稿。

1. 目錄：遊歷地圖，是一本刊物的指引和門面，不能輕忽。
2. 專欄：由雜誌規劃或經由書寫專家自行提案，有時間週期。言論不代表刊物立場。
3. 社論：一般以專職或約聘人員撰寫，每期發一篇，代表刊物立場和發言。
4. 主題稿件：封面故事。顧名思義是該期的主題，以人物或事件為主要報導核心，當然要回到刊物本身特性。
5. 廣編稿：產品的報導。小編們接收到上級主管賦予的任務，將商品置入文圖之中，以感動讀者，提升購買慾望為宗旨。通常巧妙放置於副題文章之中。

四、採訪寫作

採訪寫作的書寫程序為：

提綱寫作→逐字稿含筆記整理→初稿→校稿→完稿。

不論專書或雜誌，採訪寫作的前提，都是採訪資訊的閱讀與收集。

你可以不認識要採訪的對象，但一旦你要訪談他，就要被動地對對象產生濃厚的關注和興趣。

採訪寫作主要的對象與重點，不論寫人、寫物還是人與物綜合事件的描述，且不論哪一種主體作為延展的類型，題綱的設定則都是首要的功夫。每一款題綱自然是為訪談對象「量身打造」，透過資料閱讀先進行資料收集是最主要的預備動作。筆者2015年應臺中市文化局邀請製作詩人白萩專書，與顧蕙倩老師就白萩與趙天儀共同背景討論出以下方向以利訪談進行。題綱依時序先後挑生活歷程當中的重點，重點其實就是「事件」的焦點與核心。

(一)訪問趙天儀老師題綱：

1. 請問您記憶裡就讀的附小如何培養學生書法藝術？
   （筆者註：詢問1945國民政府接收臺中師專附小後，如何教育學生進行書寫學習。）

2. 您與白萩國校關係？
   （筆者註：趙天儀老師與詩人白萩為隔壁班同學，因書法愛好有所交集）

3. 在1964笠成立前您對白萩的詩壇發展有何看法？
   （筆者註：笠詩社成立於1964年，之前白萩分別為《創世紀》、

《藍星》詩刊成員)

4.1964笠成立後,請您談談白萩與笠之間的感情、關係。

　　(筆者註:延續上題之互動)

5.白萩經歷數次搬遷,詩雖具現實性,但幾乎不寫家鄉,請問您認爲「故鄉臺中」與白萩之間感情爲何?

　　(筆者註:因專書出版單位爲臺中市文化局,故選擇性的宣傳臺中之白萩其書寫的印象)

6.就您所知,白萩如何面對自己數次停筆與感情問題。

　　(筆者註:以旁人或好友觀點切入,作爲讀者觀察的參考)

　　一份題綱是一個主要事件的呈現,一個專訪也必定是一個事件或故事的剖面切入,撰稿者因其自身背景經驗或認識的不同往往題綱也大異其趣,這是好的現象,因爲題綱就是一篇訪文的藍本,自然包含撰稿人對訪談對象的認識與想像。利用題綱來進行訪談是必要的功課,以下也提供筆者訪談藝術家韓旭東的大綱供同學們與上一篇大綱進行參考比對。

採訪大綱

採訪者:陳謙

受訪者:韓旭東老師

時間:9/17(四)15:00起

專書名稱:《文創桃園:文學家與藝術家的邂逅》

呈現方式:內文5000字,圖片20張

出版單位:城邦控股集團**文化(暫訂)(預計2021年第一季出版)

企劃單位:華人文創發展協會

補助單位:桃園市文化局/桃園市圖書館

---

1. 閱聽人的好奇：臺大高材生從事木雕工藝

   老師畢業於臺灣大學人類學系，跟一般傳統從事木雕藝術工作者在學歷上有很大的差異化，請教老師何時知道自己決心選擇此項藝術創作，動機為何？

2. 1980年代的戰爭思考

   1970年代末期到1980年代初期，在您高中同時邁入大學階段，請教老師初期對木雕藝術創作的印象是什麼？真正接觸後，如何在眾多材料中選擇木頭作為素材，理由為何？初期有無臨摹的大師，出發階段那些同儕作品或創作者是你預設的競爭者。

3. 主題的延續與思考

   創作初始：80年代戰爭主題意涵。

   現今關注主題為何？該系列之後有親屬／老人等關於人的系列作品，各階段思考核心請老師分享。

   不等待靈感？您說過您主題從不事先準備，而是臨時決定的多。是否正確？

4. 對於素材的理念：集成材的特質，那些集成材作品現階段具備代表性，請老師稍做介紹。觀賞者的回饋為何？

5. 日後創作計劃與對臺灣藝術市場的期許。

PS：歡迎老師補充。

　　每一個人生涯階段理應漫長，或者說只要用心生活，人人都是故事。解嚴之後臺灣進入一個「小敘事」的年代，提醒我們故事就在身邊，只要專注，不愁沒有素材。不瞞同學說，在接受到採訪任務之前，筆者沒聽過韓旭東，也對雕塑一知半解，上網或找到圖書館找到韓旭東的作品書籍來看，才寫出這一份勉強觸及到作品內容主題的題綱。

但這份題綱其實是設計過的。也就是說其實我在書寫前已經大概知道自己想要從那個方向著手，而不是經過訪談後更迷惘不知如何下手。好的題綱有自己的書寫主見，壞的題綱常提出一些模稜兩可的問題，想的不夠周延，自然只會爲自己帶來問題。針對題綱第一項，我在逐字稿完成後著手修改，一稿情況如下案例：

人類學系的田調實踐

　　談論的話題從大家都好奇的學歷入手。與其說臺大人驕傲，不如說臺大人擁有更過人的自信。作爲閱聽人的好奇，你一定也一定發現，畢業於臺灣大學人類學系的韓老師，跟一般傳統從事木雕藝術工作者從學徒做起的中等或國民基本學歷，呈現先極大的差異化，臺大高材生從事木雕工藝？這是很多人會先打上的問號。韓老師很技巧地從一件他工作室收藏的三義木雕作品談起，在他認爲：若不是作品的大量複製，其實很多三義的匠師，以他們的歷練與技法，是可以和藝術家劃上等號的。但可能因爲營生不易，又因爲海外市場有產量需求，因而配合生產也是謀生的必要，韓老師同情那些主題集中的作品，同時指出：如果市場上那樣傳神的達摩作品只有二三件，自然物以稀爲貴，價值與價格當然更高。

　　因此韓老師認爲學歷跟從事不一定相關，更重要的是選擇，選擇自己的獨創，而非匠師的大量複製。高中時期就自覺要成爲一個藝術家的韓旭東，有一次在朱銘的展覽時候，就非常深受感動，那時雕塑隱隱開啓對其藝術的好奇心，後來找一塊木頭來刻作品，作品純粹的樂趣深深吸引著青年韓旭東。

　　從進入人類學系，畢業之後，就立志想要從事木雕工作。若說有何影響，應該是那幾年在學校的思考，從事田野調查的訓練，看到很多事件經歷，見到很多的人，聽聞很多的故事，很多

錯綜的人生，畢業之後便學會不再繞圈子，因爲人生朝露，藝術千秋啊。

　　一般題綱出來後，我們會帶著攝錄器材去做備份，有時自己分飾兩角有時找人協助。錄影是補充錄音設備的不足或欠缺時可交叉比對原始的受訪者資訊。因爲訪談我們都該設定不會重來一次。若有照相需求則手機攝影畫素請開到最大，一樣要帶專業單眼或傻瓜相機前往。設備上要有主從的備份概念。

　　逐字稿不管是新手或老手都是必須的歷經與程序，專書寫作或專題的書寫都可從大量的文字當中調整脈絡，不可偷懶輕忽而怠慢。況且現今得應用軟體之便，還有錄音軟體「*婷逐字稿」來幫忙，同學們還有何理由不做逐字稿。

第四章

印刷企劃與美術設計

本章學習重點

一、印前企劃

二、美術設計執行

三、編輯人的「印務」養成

一、印前企劃

　　印刷企劃是編輯不可不知的知識涵養，一般文字編輯大都在文字上著力，甚少關注印刷企劃的課題，殊不知一位編輯人若少了印務企劃的概念，基本上他的企劃並不完整。臺灣對於印刷企劃的養成，在大學端長久以來都只有世新印刷系及文化印刷系二所學校設立，而且都基於本位主義考量並未注入太多人文關懷，導致這兩所學校畢業生畢業後，成為理工背景的印刷工務或工程師，而非實際執行企劃深入消費者心態的創意人。際此，執行編輯自然有必要補足市場上這塊拼圖，使得書籍裝幀及整體閱讀技術更為精進。

　　印前企劃是什麼呢？簡言之，就是對一本書的想像。但這個想像不

是憑空而來，而是根據對內容的了解以及對材料的認識來加以設計。在書籍發行之前，你要先去想像讀者需要的是什麼？怎樣才是最適切的表達方式？一本書就是一種風格的呈現與塑造。不要小看，你的決定。爲使內容可跟型式相互契合，我們必須先完成以下的操作想像，摹擬以下四個環節與流程：

1.封面	完成尺寸開數／是否特殊處理	封面用紙／厚度	封面印刷色彩規劃／上光處理
2.內彩	頁數	內彩用紙／厚度	內彩印刷為四色CMYK
3.內文	頁數／是否合臺數／多餘頁數如何利用	內文用紙／厚度	內文印刷為正黑反黑K/K
4.裝訂方式	膠裝／穿線膠裝騎馬釘／精裝／假精裝	特殊包裝／運送方式	上市與交期規劃

　　當然在想像你的印製企劃的同時，要實際掌握書籍內容的文字與圖片的數量與質量，以選衣服來看待書籍的說法既是：

　　編輯的基本工作是向設計人員說明，書的特質是什麼，書內寓含的基本「訊息」是什麼，封面必須傳達出怎樣的「訊息」，才能吸引到目標讀者：是要溫和親切，還是嚴肅莊重？是要清雅古典，還是要狂亂激昂？在說明封面設計重點時，有一個很好的比方你可以放在心裡：那就是你是在爲書選衣服，這本書該怎麼穿才好呢？（吉兒‧戴維思1997：165）

選擇衣服款式之前，衣服大小，是S/M/L/2XL那種尺寸，也就是開數要先選定。
　　開數，也就是書籍正面的完成尺寸，是印製企劃人員第一步要決

定的。各種開數全賴其閱讀時的功能及生活上的便利性。臺灣在一九八〇年代之後開始流行所謂25開（15乘21公分的正面尺寸）確實是很奇怪的說法，因為從印製的兩種紙張全開紙與菊版紙來說，怎樣都不會出現奇數的數字。但印刷業界跟隨出版界誤用至今，積非成是，久而久之視為當然，就當成是種美麗的錯誤。以下這張換算表，上述的新25開就是菊版16開，正面尺寸正是15乘21公分。以雜誌出版來看，由於圖文相互映襯，需求比較大開本的8開（38乘26公分的正面尺寸），G8開（30乘21公分的正面尺寸）以及全版16開（19乘26公分的正面尺寸）。

書籍則多使用G16（15乘21公分的正面尺寸）全32開（19乘13公分的正面尺寸）以及日本人最愛用的文庫本64開（9乘13公分的正面尺寸），臺灣則稱其為「握可讀」。

以上的正面尺寸，你也可以讀成「完成尺寸」，方便與印務溝通是前提。

紙張，臺灣襲用日本的說法一般分為美術紙與文化用紙。美術用紙多使用於封面，單位是磅，粗分為80到350磅，美術用紙實際印製時數量少，多以單張為計算單位。

文化用紙多指內文或內彩用紙，概分為紙張表面有輕微塗層保護的銅板紙，意即塗佈紙（Art Paper），銅板紙又分雪銅與特銅及銅西卡三類。

非塗層的模造紙又稱印書紙（Bank Paper）。模造紙又因廠商的不同會各自命名，常見一家上市公司的紙廠用道林紙來稱乎自己家的模造紙，又有另一家紙廠為凸顯自己的模造又與他人不同，號稱輕塗紙。誠然，每家紙廠製紙流程多少有其機器及材料來源的特色，印製表現上確有不同，當然因為加工多寡價格也出現出差異，印務人員還是要明白其間差異，為公司選擇最適用的紙質。

規格 開數	31"×43"（全開紙）換算表			25"×35"（菊版紙）換算表		
	英吋	公分	臺寸	英吋	公分	臺寸
全K	30"×42"	76×106	26"×36"	24"×34"	60×86	21"×20
2K	30"×21"	76×53	26"×18"	24"×17"	60×43	21"×14½"
3K	30"×14"	76×35	26"×12"	24"×11¼"	60×28	21"×9½"
4K	15"×21"	38×53	13"×18"	12"×17"	30×43	10½"×14½"
8K	15"×10½"	38×26	13"×9"	12"×8½"	30×21	10½"×7¼"
12K	10"×10½"	25×26	8½"×9"	8"×8½"	20×21	7"×7¼"
16K	7½"×10½"	19×26	6½"×9"	6"×8½"	15×21	5¼"×7¼"
20K	7½"×8¼"	19×21	6½"×7"	6"×6¾"	15×17	5¼"×5¾"
24K	7½"×7"	19×17	6½"×6"	6"×5½"	15×14	5¼"×4¾"
32K	7½"×5¼"	19×13	6½"×4½"	6"×4¼"	15×10	5¼"×3½"
64K	3¾"×5½"	9×13	3"×4½"	3"×4¼"	7×10	2½"×3½"

二、美術設計執行

　　美術設計包含三個部分，分別是封面設計，版面設計，與風格設計。風格的想像與完成：就是協助讀者進入書籍的捷徑，進而令讀者在閱讀書籍內容中找尋其智慧活水的來源。風格既是格調的塑造，清新／狂野／柔和／剛毅等等美的效應，直覺的反射。

　　美術編輯以有限的視覺符號，包含內文文字、標題以及插圖等素材，透過線條及色彩以形象思維的技巧傳達，直接觸擊讀者內心的感應。是以雜誌設計的途徑傳播給讀者那些感受，與版面設計關係極其密切，閱讀引導上除保留天地、左右餘白的印刷面積，產生所謂的「閱讀範圍」。這介面當中以標題、副標題、圖片、文字、分段標題、

BOX、裝飾線條、框線等，組成版面的元件。透過這些元件，重新組合呈現出刊物的嶄新風貌，體現刊物的風格，就是美術編輯或排版編輯需要具備的功力。

　　設計是一種感覺、美感概念的傳達、更是一項技術。

　　所謂「設計」，是將各種技術上的條件，特定的內容，經濟的因素，加上美感和意念傳達的要求，做綜合的考慮，得到最適當的安排；亦即將既存的元素，作新的組合。由於設計是創新的工作，應活用常識，不可死守法則，一成不變。而簡單、直接的設計表達，更容易提高溝通傳播的效果。

　　設計首重情報的蒐集、整理、研判與應用，而設計的基礎建於順應時代潮流新觀念的導入，與表現視覺、觸覺的點、線、面、體的基本造形構成研究，以及賦予生命、情感。（羅莉玲1994：67）

封面設計的專業經常有美術設計來執行，版面設計則委由美術設計定版後交給執行編輯排版，所以目前以為型出版社為主的人事調配中，很多執行編輯如果有學習ID的排版軟體，亦多為公司所器重，趨勢來看，初入出版業的新手，將來這項技能可能是最低門檻了。

三、編輯人的「印務」養成

　　印務跟編輯人關係密切，大型出版單位如我之前服務過的華杏機構，以及我在沈氏印刷服務時，像《財訊》、《天下》、《遠見》等都有其編制內專司印務的專員。印務跟成本關係最為密切，試想一本書定價按100%算，出版當中印刷的價格有可能直逼三成，其實作者版稅只

佔定價10-15%，這樣就可以看出印刷成本佔比之大了。

編輯人員當了解印刷業界的「行話」以利溝通，常見術語在此舉例。

【回校稿件常見印刷術語】

出血——圖片或線條超出版面規格，以利裁切時不露出底色，一般以設定0.3CM為主。

滿版——一般指圖片滿佈在一定的設計範圍。

反白——字或框線、圖案處理成反白字體。

跨頁——照片、圖案或線條橫跨相對兩頁。

襯底——以網線或網片為底，襯托文字或圖案。

刷淡——一般標示以留80%，刷淡20%用以降低圖片或文字的濃淡及層次。

編輯人不是印務，但如果明白印務細節自然能與印刷環節做出最佳溝通。印刷實際以印前印刷印後三個部分來區分。這裡稍作以下說明：

印前：印刷前的作業包括輸出前集檔，找出與印製廠商最佳的對應組合，給付印製檔案，給負前應就分色處理，完成尺寸檔案格式等多做確認，避免印製作業出錯。

印刷：指印刷印製作業，即所謂平版印刷（Offset）。目前業界封面多以4開機與對開機執行，內文或內彩則有滾筒式輪轉機或張頁機處理。除一般常見的C.M.Y.K也就是藍紅黃黑之外，亦可印製特別色（Spot Color），筆者實務中，以漫畫家朱德庸的封面最為愛好特別色，特別色是一種無網底的印製方式，所以只有單一色彩的濃淡無中間色調，一般以DIC色票為準。值得注意的是，以往很多影印店目前多能負擔所謂數位印刷機（Digital Printer）的採買或租賃，市場上因為分眾也使得印製數量下滑，因而興起數位印刷的風潮。印量低，跟隨客戶需求印製，不若傳統平版印刷動則以千位單位起跳，算是中小企業及個

人工作室及企劃創作人的福音。一般以兩百本以下可考慮數位印製，但應注意的是：數位印刷還是以黑白書籍為主，印刷材質是碳粉而不是平版印刷的油墨，保存年限約略在二十年上下。

　　印後：指加工。如裝訂分中釘（騎馬釘）、無線膠裝、穿線膠裝、假精裝、圓背或方背精裝等，依紙張厚度，摺紙方式多有不同。裝訂前封面亦可考慮上光，也就是護書膜面來保護書籍，延長使用年限，如霧光、亮光或部分上光（通常先上一層霧光再加一層亮光，使得畫面有遠近感）等，上光後另有打凹或打凸或燙樣（金銀黑各種你想像得到的顏色都有）。

　　這本是個跨域的職場年代，墨守於自己的本業是基本，但勇於跨域的才會是贏家，同學們切記。

第五章

出版物流概說

本章學習重點

一、出版通路型態

二、發行的定義

三、圖書通路成員與圖書類型

一、出版通路型態

　　根據2019年4月《自由時報》引述報導，文化部委託臺灣獨立書店文化協會調查執行的「全國實體書店營運調查案」，採取登門訪查的逐戶調查方式，據訪查結果，全臺計有1541家書店，但是，書架上還有圖書銷售的有869家，等於有672家沒有營業，而全臺1980年以前創辦的書店（即四十年以上老店書店）也只有1成5還在，存活的書店中，7成3面積小於50坪、3成書店每月營業額低於5萬元，但也有2成3書店營業額在50萬以上，呈兩極化現象，也有2011年以後的新書店，但幾乎都是複合式經營書店。

　　「掌握通路就是掌握顧客」，在臺灣年年持續最低二萬本圖書的龐

大發行數量上，通路當然已成為行銷最大的利器。當然書籍不是全部能夠完銷，根據市場八二法則來說，這二萬本的新書，約略只有二成可以再版。其實書籍若販售未達五成，基本上都是賠錢的出版品。當中臺灣出版品流通現象除了和大環境不佳有關之外，業界因為商業競爭花招百出，交易秩序的缺乏也是主要關鍵。說好聽是百家爭鳴，直接說就是惡鬥了。臺灣商人勇往直前的性格，無視於出版市場購買力的疲軟，不斷的出版新書，造成市場「以書養書」情況越益劇烈，圖書經銷商由無法善盡選書能力而大量進貨，連鎖書店一昧擴張店點，並進行業外投資，因此當財務危機出現警訊同時，往往就在一夕之間宣告倒閉。因此，位居出版產業編輯、印刷、發行上、中、下游串起的食物鏈下游位置之圖書發行商，受到不良效應逐漸擴大，西元貳千年前後，就關閉或停業達十餘家之多，包括總經銷與中盤商。

一九八〇年代中盤商學英因投資探索出版而倒閉、新學友財務吃緊，走專業出版路線的大樹出版以及一般大眾書出版品的鷹漢出版也在2004及2005年相繼吹起熄燈號，這些只是臺灣出版問題中，關於圖書經營冰山的一角。

出版工作雖有文化使命與傳承，但在書籍出版後還是需要金錢的挹援用以延續出版的薪火，而發行首重銷售，銷售亦是不折不扣的商業行為。出版社的成功，內容與品質當然為其重點，行銷成功與否關鍵在於對圖書的發行能力，唯有出版者與發行者兩者相輔相成，才能成就完善的出版事業。

相對於零售業如7-11的龐大通路，圖書流通業就顯得很不成熟，主要是其規模市場有待建立，另外也與臺灣出版人多為中小企業型態經營，在將本求利保守的心態下，追求微利的圖書商人主導了這塊出版市場大餅，也給臺灣帶來最多的可能性和市場的危機。

二、發行的定義

　　《世界著作權公約》（1971）將「發行」一詞定義為：係指以具體形態重製，俾供閱讀或視覺感知，並向大眾普遍公開行銷。而《百科大辭典》（1986）對發行的定義則是「發出，使流通傳布；發售」。所以，「掌握通路，接近顧客」便成為圖書供應商競爭優勢來源之一。Corey（1976）認為配銷系統為一需花時間建立，且不易改變的外部資源，它與重要的內部資源如製造、研發工程等具有同等的重要性。故圖書通路系統的良好設計及經營成為出版公司整體策略的連結點，得以統合順暢外部及內部資源的一致性。如今傳統的圖書通路已被專業圖書經銷商所取代，圖書出版市場的高度不確定性，使得圖書通路經營問題愈趨重要。

三、圖書通路成員與圖書類型

　　臺灣圖書通路成員多由以下三點構成，分別為㈠總經銷、㈡區域經銷商、㈢零售商三者組合而成。就管理學角度來看，稱作三階通路，目前的網路書店，亦可看待為「區域經銷商」因其在網域漸漸也有其必要的通路份量，尤其目前新冠疫情興起，網路平臺營業額已經超過實體店面甚多。

　　出版社的型態有專業與集團式兩種，而出版內容型態來說，中國學者程三國（2002）曾以「大眾」圖書、「專業」圖書及「教育」圖書來區隔上述種兩出版社／集團出書的類型。實際在台灣的發展狀況如何呢，現以這三大部分為例，以筆者的實務經驗來說明通路以及這三種主題類型，運作的實況：

㈠大眾圖書

　　1982年，台灣最早由金石堂書店開啓主要的連鎖通路，在排行榜類似股票抄作下還培養出不少新銳作家，其中以跨域作家在銷售上最爲火紅，這些作家多爲藝人、明星、廣播主持人或名嘴，兼及部份網路或學院剛畢業的明星作家。只要搭上時事議題或勵志選題，讀者大致相當買單，這時大眾圖書印量多以三千冊起跳，搭配排行榜現象，起印量一兩萬本不算稀奇。但排行榜因「出版社自購」歪風日盛，另一家誠品書店順勢推出「質的排行榜」，暗地裡反諷這種業界買排行榜的流行現象。「量」乃是大眾書追求的目標，但大眾書重流行，最長一季短則一二週，隨即由「平　」而「上架」，生命週期短，經常在舊書攤看到最多的舊書流通，就是大眾書。

㈡專業圖書

　　台灣專業圖書最符合中小企業的規模，人數多在十人以下。出版從業人員除編輯出版基本技能外，多的是對該領域專業的認識。

　　專業圖書也稱做「分眾」圖書，印量少但單價較高，對品質的要求由於作業時間常，投注成本多，一般較大眾書在知識的質感上較佳。印刷及美術設計、紙張選擇上，因爲計較，所以細緻。專業書的出版品以「書系」的建立爲選題標準，像藝術家出版社專司美術書籍，遠足文化開拓了台灣知識小百科，清華大學出版社注重文史哲藝學術論文的刊行，女書出版專注於女性議題等，這些都是專業出版社「選題」的必備條件。

　　1990年代傳統書店開始面臨轉型，許多實體通路出來從事出版，成績多半不理想，緊接著倒閉、收店、變更營業內容，部份回歸通路本業──在在都顯得專業圖書不如想像中容易介入。通路另闢部門從事出版的至少有：光統、新學友、何嘉仁、誠品等。

㈢教育圖書

　　教育圖書第一個要確認的是受眾，也就是學習對象，誰是消費者。針對消費客群選定作戰方略。台灣中小學課本自從脫離「部編本」及「國編本」時代，一時出版業者搶食這塊大餅，目前中小學市場競爭最為激烈，翰林、康軒，龍騰、南一皆各據市場，也因為目標市場明確，學校學生是主要消費者，透過老師或該校特殊人士推薦，很容易找到客源。中小學有一個奇特的通路現象，就是在各縣市皆有區域經銷商，店面也充作書籍零售使用。

　　教育圖書除中小學外另外大學、研究所之專業出版社，例如五南、三民書店等。大學圖書直銷佔比不少，作者來自大學現任教師因上課所需編選教材，主力銷售對象成為所授課班級，其他二到四成則交由市場零售。這部份透過通路直接上架，每店點不超過五本，實體書店書籍數量因坪效管理數據中教育圖書並不顯著，能見度不高，許多書籍賣出又很難補貨，所幸新世紀的人們逐漸習慣網路書店選購書籍，算是給很多專業書或教育圖書另一種讀者購書需求的取代。

　　實體書的沒落其實是消費習慣的改變，大家紛紛由實體進階到網購，何況你家巷口便利商店就可取貨，大家自然順應方便的潮流。通路的變化其實是生活方式的改變。

參考書目

行政院文化建設委員會《2004年文化白皮書》2004年3月。網
　　路電子書版見：http://mocfile.moc.gov.tw/mochistory/images/
　　policy/2004white_book/index.htm

李育材（2019.01.11）。高市府稱擁有《飛閱高雄》著作人格權。

律師打臉：永屬齊柏林https://www.mirrormedia.mg/story/20190110
　　soc012?utm_source=facebook&utm_medium=mmpage&fbclid
　　=IwAR0HqG9cUtnJRoqoeS9iIUmZKVe6RbqcPonK-kmQQe-
　　UfKLBjVnrctmLAIE鏡週刊

夏學理主編（2008）。《文化創意產業概論》。臺北：五南。

羅莉玲編著（1994）。《編輯事典》。臺北大村。

吉兒・戴維思（1997）。如何成為編輯高手。臺北：月旦。

Corey, E. R. (1976). Industrial marketing: Case and concepts (3 rd ed.).
　　Englewood Cilffs, New Jersey: Prentice-Hall, 263.

方世榮（1996）。《行銷學》。臺北：三民。

名揚出版社編著（1986）。《百科辭典3》。臺北：名揚。

行政院文化建設委員會（1998）。《1998臺灣圖書市場研究報告》。
　　臺北：行政院文化建設委員會。

楊金都（2001）。《從行銷通路看臺灣童書出版之發展》政治大學經
　　營管理所碩士論文。未出版，臺北。

程三國（2002）。《理解現代出版業（上）》。www.sinobook.com.cn/
　　press/newsdetail.cfm?iCntno=307-41k

隱地（2019）。《老人走了，小孩老了》。臺北：爾雅出版。

※筆者註：本章若干篇幅參考書目轉引自本人專書：陳謙（2010）
　　《文學生產、傳播與社會》臺北：秀威資訊。為節約篇幅，不一一列
　　入此參考書目當中，特此説明。

批評論述篇

洛陽紙貴的變貌
當代文學事業的挑戰

出版市場約定俗成以文學非文學來劃分，連鎖書店店銷排行榜一九八零年代興起時亦以此做區隔。也就是說文學自古而今一向是出版品項之正宗已無庸置疑，過去文學出版社的規模從三小到五小，之後有出版集團的介入，出版品項從華文作家到暢銷影視小說，在市場皆有一定的能見度與銷售佳績。這裡的出版銷售仍是狹義的紙本出版品，臺灣閱讀電子書因載具推廣不足與閱讀習慣使然不若國外普及是事實，電子書市場目前仍處於推廣的未成熟階段，此文暫存而不論。

中間通路陸續的倒閉，告訴市場哪種訊息？

2019年5月1號，臺灣專業賣場通路千富宣佈因故暫停營業，此前不到一個月，成立近二十年的商流圖書亦因週轉失靈跳票而倒閉。如果我們把時間往前回放，其實會發現，這是千禧年前後從學英事件以降，近二十年來持續發生中的老問題。

書店型態包括連鎖書店與傳統獨資書店，其間連鎖書店通路因應供給量的需求增大，將本求利地略過中間經銷商轉向出版單位直接進貨，造成區域經銷體系之業績如土石流般崩潰，這種不義之舉卻是資本主義社會的常態。反之獨資書店或近期興起多獲政府扶持的獨立書店因

為空間有限必須選書後進貨，在坪效管理原則下已不像早期只要新書出版便讓經銷商配書或塞書，因此經銷通路只能經銷體質較弱市場冷門的書籍，而出版這些書籍的出版社因為書籍銷售不佳卻仍大量出書以書養書，維持著出版社必須的經費來源。但其出版書籍中，文學類書籍又佔三分之一強，數量也從九零年代的三千本起印量，下滑到目前的三百本，成為目前持續發酵中的文學「自費」出版現象。

中間通路經營的困境，也可以從網路書店興起後的現象來觀察。筆者曾擔任網路書店企劃經理人，根據我當時對來網路書店的消費者採樣調查，竟發覺有一半以上的圖書購買者，會先到實體書店閱讀將選購之實體書籍，轉而自折扣較為優惠的虛擬網路下單，足見消費行為仍以價格作為前提，顧客忠誠度輸給了價格，中間通路如何取得書籍選題優勢，當應是經銷通路能否生存下來的主要關鍵，但矛盾的是，選題權力往往由出版社主宰，但中間通路所經銷之出版社財力往往並不健全，形成惡性循環。

從三千到三百，POD改造了文學出版樣貌

因為印刷數量經市場評估後低於五百本，出版社選擇退到經銷角色而讓著作人自負盈虧，一種POD的印刷方式因應而生。這種簡稱為「隨選列印」的印刷模式，通俗一點的說法就是我們常見的「影印」，但加上封面的裝訂與膜面的加工，成為最陽春最基本的書籍。這種最早產生於公務機構結案或因應學生學位論文少量印刷的印件浮上檯面，最早的機器猶如傳統四色印刷機大小，佔空間且機器成本高，二十多年發展下來，機器縮小，成本急降，目前就連一般學校周邊影印店都有能力購買，一些原本作海報、名片、DM的小廠商也加入市場搶食，對使用人越趨便利。

五本十本的低印量其實也一改過去出版的門檻。從過去一千本的自費出版門檻降低至二、三十本都有廠商願意接單，作家出書的心願達成容易，再加上臺灣寬鬆的國際書碼申請，很快的就能擁有自己的書號，就算不真正對外發行，也能滿足儒家立功立德立言的「立言」之階段任務。於是臺灣成為書號申請最蓬勃的國家，每年二萬筆上下，書號申請量多出實際圖書發行量的五分之一，這些都歸功於未實際進入市場發行的個人傳記、文學創作、紀念文集、教師升等著作或教材等。

　　臺灣目前經營尚可的文學出版社多半有自營刊物陪同預備出書的作家，協助前後期宣傳，但效果都不如網路來得有效活躍。這些行之有年的文學出版社有長期作家人情的包袱，多數作家創作精華期已過，卻也得硬著頭皮出書，起印量自然不盡理想，心理想著的，是確保作家不跳槽，重要舊作重版出來。相對的有一些青年網紅作家，自費尋找補助，自費出版書籍，銷售量往往也盡如人意。形成了另一種自費出版的新契機。他們自費數量超過三百本，一般回到一千本起印，透過網路社群的行銷，當然直接忽略了上面提及的中間通路商。

極大中的極小化，臺灣文學出版組職的困境

　　臺灣集團化的出版集團有一種特殊的現象，那就是看似十幾二十幾家的出版單位，實際每單位的人事規模都只在五人以下。因此在集團內部，往往成立一組行銷部門推廣新書活動，又成立一家專門經銷集團內部書籍的總經銷，往往也作為集團對外的稱呼。他們獨立於出版部門之外，與出版社平起平坐，卻不見業績壓力，久而久之出版部門自行找來企劃編輯籌辦活動，不外網銷、新書發表等活動。老闆也喜見人事開銷的節約，遇缺不補，很快的行銷部被弱化，又回到編輯與發行兩單位的互相溝通。

如果我們以每二年來檢視那些集團內部的出版社，會發現約略三分之一的單位留下，三分之一的單位被除名，另外還有三分之一的出版單位在集團內全新開辦。這種以利潤中心制的出版單位有一定的資本額，該單位專業經理人也身兼總編輯，並對自己部門負責，方法常見專業經理人也要入股，投入自己一部份的資金，並扮演掮客對外尋找新股東，當然控股集團會評估其發展潛力，是要抽資金還是斷其金援往往都在第二年結束時發生。當然有些文學出版社不敵商業出版，多在該集團內認賠殺出，成為曇花一現的文學出版社。

從魯冰花現象，尋求文學文本的因應之道

　　臺灣文學之母鍾肇政的文學園區2019年在龍潭開幕，但多數讀者對這位多年來致力於文學耕耘者的印象，可能還是停留在**魯冰花**這部八零年代末期的電影，更精確的說，也許這部電影大家不一定看過，但姚謙歌詞曾淑勤演唱的歌曲一定聽過：

> 天上的星星不說話　　地上的娃娃想媽媽
> 天上的眼睛眨呀眨　　媽媽的心呀魯冰花
> 家鄉的茶園開滿花　　媽媽的心肝在天涯
> 夜夜想起媽媽的話　　閃閃的淚光魯冰花

因此影像與流行歌曲似乎是另一種文學傳播面向的極大可能。從早期被改編最多的三國、西遊記到金庸先生各式的作品，再到本土的瓊瑤小說，再把時間推向不久前，劉梓潔散文〈父後七日〉改編而成的同名電影，楊富閔的《花甲男孩》推出電視與電影版，以及林建隆曾被改拍成電視劇以及漫畫的《流氓教授》。以上文本都曾很俗氣的，創造出叫好

又叫座的銷售以及收視票房，誰說通俗與雅正文學之間一定有不能跨越的鴻溝，試問沒有讀者或閱聽人的文本存在的價值究竟爲何？只在於創作者創作完成或過程中的愉悅而已嗎？當然不是。

文學閱讀已死？不是的，因爲創作者還在生活現場認眞感受並書寫著，作家還是會以一部一部又一部的文本向市場向讀者的口味試探。但文本必須躍然紙上，從躺著的文字活躍在歌曲、多媒體影像，仍至於任何文創形式中展現。

唯有傳播，成就更大！讓文本自由，閱讀的心靈才會有更加寬闊想像的天空。

—— 原載《臺灣文學館通訊》63期（2019年6月）頁6-10

大學體制內的出版編輯課程創新與改革

以臺北教育大學通識與語創系課程爲例

摘要

　　應用中文在現今已不是公文簡牘書寫那般乏味而樣板，取而代之的是新聞傳播寫作和編輯出版等專業技能，這些在技職體系學院中早有共識也推廣多年，無奈少子化年代來臨，隸屬技職體系應中系多已關門歇業，應用中文在傳統中文系早列旁門左道，一些傳統中文系出身的資深主事學者雖恥與爲伍，卻又不得不面對這急需面對的環境現實，故多聘用業界兼任師資支援，以杜學生渴望學習技能的悠悠之口。本文在實務教學上從出版定義始，擴及選題、著作權、出版社型態、課堂實踐與成效等實際操作面向來觸及學習輪廓，希冀提供學理架構與實務經驗令兩者間相符相成。臺北教育大學通識課程「閱讀與寫作」課程規劃上學期注重閱讀與寫作練習，下學期直接以「實用中文」爲課程核心，校方順應時代需求立意雖好，但實際執行上，多有來自教師反對的阻力。

一、如何創新？怎樣改革？

　　少子化的新世紀已降，人文科系在就業市場上一直處於弱勢已是不爭的事實，因應大學就業率劇降的憂慮，高教端的大學內部隱約有課程改革的措施因應。事實上改革呼聲早在默默進行，只是實際效益並不大，距今十年以上，成功大學特聘教授張高評已於2008年出版的《實用中文講義》裡提到：

　　　　現今商品經濟掛帥，一切以消費導向為依歸，中文學門如果依然孤芳自賞，不食人間煙火，就注定要被邊緣化……
　　　　中文學門之教學設計，長久以來，較欠缺「學以致用」之規劃，頗難適應以功利為導向的現當代需求。[1]

　　雖然這社會被張教授批評為功利導向，但學生就業卻一直有來自數字真實的統計壓力。國立大學安逸的教職群組生態儘管可以聞風不動，但來自學生就業「有用」的聲音與壓力還是有的。2013年以來，少數國立或私立大學中文或臺文相關科系已有所醒轉，前後釋出或聘用應用中文師資職缺，其間又以編輯出版為選聘重心。依據科技部網頁輔以各校人事室歷史訊息招聘公告觀察，[2]先後有新竹教育大學（現改制為清華大學）、靜宜大學、淡江大學、臺南大學、中央大學等校公告招募師資，以期學生畢業後可順利銜接職場，希冀中文、臺文以及華文相關科系畢業生不致陷入畢業即失業的難堪窘境，但無奈臺灣師資招聘結構有其內部不可說的潛規則，這些因故被招聘進來的師資大半又非專業

1　張高評（2008）。《實用中文講義》。臺北：五南。頁3。
2　科技部：求才訊息（上網日期201911/30）https://www.most.gov.tw/folksonomy/list?menu_id=ba3d22f3-96fd-4adf-a078-91a05b8f0166&l=ch

業師，其中又以改革較爲艱難的國立大學爲主，這些占缺卻又無用武之地的師資，仰仗出版編輯專長入門，進門後卻只開設自己原來專長的課程，因此只能再起用兼任師資繼續聊備一格。私立大學則可以比較合理地引進專業師資，依師資陣容網頁公告觀察，靜宜大學陳敬介，淡江大學楊宗翰、林黛嫚等人都擁有豐厚的業界經驗，足堪引領新一代學子的學習風潮。

以筆者本身服務的臺北教育大學語文與創作學系爲例，雖設有「編輯與採訪學程」但系上專任教師只短暫支援過「出版學」課程，爾後又回歸所謂必修或必選修學分的科目。[3]新進徵聘師資時，出版編輯雖有學程也不是考慮選項之一，往往視退休人員原專長之原則進聘。出版編輯的「有用」在正規的中文、華文、語教或語創、臺文系所中仍屬偏旁，「出版學」或「編輯學」的系統難以建立已是事實。國內唯一南華大學出版學研究所也在師資逐漸退出後匱乏，晉用一般管理學相關師資後有計畫逐步的變更原先課程架構，再來則是以生源的考慮爲主要取向，拿掉出版，更名爲「文化創意」研究所，可見「出版編輯」身處時局上的尷尬位置。

「應用中文」嚴格算來應屬技職體系，臺灣技職體系對於「應用中文」發展較爲有系統也是事實，早期遠在邊地的育達科大甚至於嘉義的稻江學院相對的課程架構也趨完善，以出版編輯項目來說，也都列入各校必選修科目之一，無奈這些技職體系的應用中文，不敵少子化的趨勢，先後停辦或改名，多數也改成文化創意相關科系，終至於滅系、停辦。唯一一家國立臺中科大應用中文系也因師資名實不符爲人詬病，難以成爲技職帶領的龍頭。應用中文在現今已不是公文簡牘書寫那般乏味而樣板，取而代之的是新聞傳播寫作和編採出版等專業技能，這些在技

3　請見文末附錄一，臺北教育大學語文與創作學系出版學與編輯學開課一覽表。

職體系學院中早有共識也推廣多年，無奈少子化年代來臨，隸屬技職體系應中系多已關門歇業，應用中文在傳統中文系早列旁門左道，一些傳統中文系出身的資深主事學者雖恥與為伍，卻又不得不面對這急需面對的環境現實，故多聘用業界兼任師資支援，以杜學生渴望學習技能的悠悠之口，以及上級面對社會壓力的一紙行政命令。

業界兼任教師雖能解燃眉之急，但蜻蜓點水式的學習模式，學生在學習上較難獲得出版較全面的知識，學生學習後多半一知半解，實屬缺憾，事實上，這種問題，仍是目前全臺大半中文或臺文相關學系共同的迷思。

二、出版編輯課程的核心與實務

㈠出版如何定義

出版定義一向多元而廣博，傳播學者甚至認為文本一經發表既是出版，這樣的擴大解釋，大概連臉書發個訊息都能叫做出版了。

若認真談出版，狹義的出版行為大概分成有聲與平面出版兩個大眾知悉的項目，這裡不談有聲出版（因為那是另一個產值驚人的領域），只針對平面出版品的面向討論。一般認為出版即是文本或意符的發表與呈現，是指將作品通過媒介物傳播向公眾傳布之行為。在著作權的定義中，作品一經完成不論是否出版，即享有著作權。以上當然是理想的定義，出版著作物權利的享有，自然透過載具公開發表為宜，才是確實而可信的證據。

而發表是否既為出版？上面提及，若在傳播學門的認識下，發表是自然是廣義的出版行為，著作（或文本）發表後，著作人當然自然取得其主張人格權及財產權的權力。但發表不等於業界認識下的出版，出版這名詞若要透過學院中藉由學者專題討論，恐怕一本專書都無法得到定

論，但學院的學者往往越談論閱聽人越模糊，套一大堆自己都無法自圓其說的理論，只會搞到對出版二字心生恐懼。我對出版這項平面傳播的操作上的簡單定義，意即：

出版是以文字、圖像透過紙本書籍或書籍型態的電子書對閱聽人進行知識傳布的商業（或宣導）行為。

這裡的文字、圖像來自於著作人辛勤的耕耘成果，媒介以現今時代而言，則分冷媒體與熱媒體，出版其以紙本媒體為主，除卻傳布性質外更有利於知識的典藏性，因此相對於較為即時俗稱熱媒體的電子傳媒。因此不論冷熱媒體，皆以圖（影）像或文字傳播得其閱聽人接收後，是為傳播目地的達成。

在人工AI智慧科技逐漸迎頭趕上的今日，唯一無法被取代的大概只剩下人類不斷推陳出新的創意。創意以滿足生活為目的，以情感為基礎。據中國網路報載：2014年5月，微軟（亞洲）自發布AI人工智能機器人第一代微軟「小冰」[4]至今，在線聊天的用戶超過百萬人，發展到今日的「微軟小冰」四代，這位十八歲的人工智能少女，不但擔任過氣象主播，2017年更練就「十秒成詩」的技能，據說其資料庫搜集一九二〇年代以來中國519位現代詩人的字句，寫作風格且「文思跳躍，意象鮮明」，唯一遺憾的是，許多字詞內在關連性並未融會貫通，實屬萬幸。詩人白靈提及其作品「跳接大膽、妙句層出不窮，又絕非一般寫詩人層次，不可不謂是一種奇蹟。」可見詩人小冰並未經過情感運算，而是由資料庫裡理出相應詞彙加以排列組合。所以情感的呈現成為人類唯一的「贏面」，而情感更好的連結就是故事創意的行銷，所有的

---

4 可參酌維基百科說明： https://zh.wikipedia.org/wiki/%E5%B0%8F%E5%86%B0（上網日期2019年11/17）

內容端都以其為基礎。而文字或圖像就是夏學理老師所謂的創造基礎，當然，更須著作權的立法保障，因為人類的惰性，就是會不斷的抄襲，既抄襲自己，也抄襲別人。所以創意是進步的根源，創意是人類生存最美妙的生命節奏罷，它為生活帶來更完好與進步的精神與物質的理想層次。

㈡「選題」為什麼是出版傳播的核心

再則談談出版傳播當中最重要的「選題」。

拉斯威爾（H.Lasswell）的「5W」之傳播公式，其實正說明了出版選題在傳播循環中另一種積極的意義，即：

誰（who）→說什麼（say what）→透過什麼管道（In which chamel）→向誰（To whom）→產生什麼效果（with what Effect）？

說什麼（say what），正是選題工作者第一項要確認的目標，選題之後文本會積累成為主題，而文字或圖像就是出版的核心，藉由知識的傳布，古典的出版仍以紙本作為載體，但二十一世紀的當下，電子書已跟隨電子閱讀器如手機或平版電腦跨進生活的場域，紙本已成為基本而非唯一的儲存型態，這是大家該認知的事實。向誰傳布？這是消費群的鎖定，也是所謂的「目標讀者」，選題者自然需預設可能的消費者，如父母親會買百科或童書給小孩，青年人為自己購入職涯成長或技能學習的專書，女士們專挑家庭料理或美顏美體的參考書籍，當然還有各階段學生的參考書，純休閒娛樂的旅遊書或飲食圖鑑，純文學、漫畫、BL、命理、通俗小說等等浩繁的出版品項。

最後是回饋，亦即讀者的反響。出版作為仲介者，是作者與讀者間的平臺，出版單位不能只靠熱情存活，還要永續生存實力的培育。臺灣

每年新成立的出版社約有二百家，但能持續在二年後能持續出版的不到二十家，可見出版進入門檻低卻獲利不易，不打算長期持有的商界大老往往一時興沖沖的介入，在最短的時間內認賠殺出。這是出版界經常見到的現象。出版要永續經營，往往要先有長期投資與投入的觀念，蜻蜓點水的暴利概念帶進出版業是行不通的。

大多出版單位以獲利作為模式，這當然是正確的。從食譜、漫畫、風水命理書做到童書、勵志等類型，或「類文學書」的生活小品，出版人往往在現實與理想間走平衡木，但大多還是以現實為首要考量。除非遇到的出版單位有其文學出版的傳統，但多數出版專業經理人不見得這麼幸運，因為老闆只以數字說話，並簡單檢視你的出版品項有無他心中的「市場」。當然大家都知道要出版好書，或自己心中最感興趣的選項，所以市場大中與分眾的選擇，也是選題很重要的一部份，當然更重要的，是來自閱聽人購買的回饋。

際此，透過此一傳播的運作模式，將有助於我們釐清出版傳播其間彼此各行其道，又彷彿隱隱擁護著自身價值核心所在的本質現象，形成了出版事業百花齊放的花園特性。

(三) 認識著作權

出版人要知悉的法律問題當推認識臺灣著作權法，不只高階經理人要明白，一般編輯從業人員更需具備著作權基本常識，以避免公司因觸法等考慮失當的行為而蒙受損失，且可進一步協助作者釐清著作物相關規範，比如著作物合理使用範圍、他人圖片或文字使用之授權等問題。出版合約主要規範作者與出版者間相對的權利及義務，也在於釐清授權雙方責任與著作物歸屬等。著作權目的在保護著作人其個人人格、財產及其延伸權利，不可輕忽。一般出版單位多有法律顧問之設置，但多數對於著作權這項專法就連律師也要深入法條查詢，所以從業人員擁有著作權常識，才是自保之道。

根據2017年臺灣最新審定頒佈的著作權法計一萬七千多字，出版從業人員不必死背，但有些規範必須將其融入常識成為職場通識能力之一。依據中央法規標準法第八條參照：**法規條文應分條書寫，冠以「第某條」字樣，並得分為項、款、目。項不冠數字，空二字書寫，款冠以一、二、三等數字，目冠以㈠、㈡、㈢等數字，並應加具標點符號。**（參考資料：中央法規標準法、道路交通管理處罰條例／讀法列舉），**明白閱讀方式後**，首先就範圍來了解，著作物範疇首先從名詞定義了解，就第3條第一項第一至三款條文表示：

一、著作：指屬於文學、科學、藝術或其他學術範圍之創作。
二、著作人：指創作著作之人。
三、著作權：指因著作完成所生之著作人格權及著作財產權。[5]

　　在號稱臺灣擁有四千家出版社的同時，其實每年出版一本書以上的單位只有不到八百家，而這八百家的一書出版社往往真的都只出版一本書就銷聲匿跡，這種學者式的出版單位或個人形成臺灣一種特殊現象，原因在於臺灣是自由的國度，國際書碼不像在中國有所分配與管制，早期還時有販售書號的荒謬事件出現。形成只要是具有身份證的個人就能申請為獨立的出版單位，且不一定進行銷售，有違ISBN設計的原始立意。臺灣的教職人員經常因為升等需求，就自行或委託親友登記一個出版單位，形成臺灣是全世界出版僅次於日本單位最多的國家，單這些出版單位的存在其實皆有待進一步證實其真偽。但臺灣對於出版自由的實踐，事實上也體現在每年近似萬筆的國際書碼申請上，出版自由亦是著作人格權的延伸，著作財產權的保障。

5　著作權法引自「全國法規資料網」修正日期版本：民國105年11月30日https://law.moj.gov.tw/LawClass/LawAll.aspx?pcode=J0070017

㈣出版社型態的分野

　　根據資深出版人林文欽表示：當下（2019）出版品百分之九十初印量都只以500本起算，其他百分之十又以一千本的印量占印書比例的百分之八十，相對於過去（網路興起前）基本印量的三千本，實在有段差距。基本印量極大中的極小化，成為臺灣出版集團組職的經營現實，在臺灣沒有像中國一棟樓就是一家出版集團的概念，中國的出版集團涵蓋編輯印刷發行三項基本出版項目。編輯部是核心，印刷發行假他人之手，在臺灣已是常態。專業出版與獨立出版社大都是十人以下的小型出版社，專業出版往往專攻學習客層，如語文學習、技能學習等專項，前者如書林出版、寂天文化、文鶴等出版社，後者如全華、攝影家、藝術圖書、農學社等。專業出版社選題較為集中而單一，有時因為出版規模擴大想到的常是另立品牌，而不是在本業上組織規模的延伸。

　　臺灣集團化的出版集團的特殊的現象，那就是看似十幾二十幾家的出版單位，實際每單位的人事規模都只在五人以下。因此在集團內部，往往成立一組行銷部門推廣新書活動，又成立一家專門經銷集團內部書籍的總經銷，往往也作為集團對外的稱呼。他們獨立於出版部門之外，與出版社平起平坐，卻不見業績壓力，久而久之出版部門自行找來企劃編輯籌辦活動，不外網銷、新書發表等活動。老闆也喜見人事開銷的節約，遇缺不補，很快的行銷部被弱化，又回到編輯與發行兩單位的互相溝通。

　　如果我們以每二年來檢視那些集團內部的出版社，會發現約略三分之一的單位留下，三分之一的單位被除名，另外還有三分之一的出版單位在集團內全新開辦。這種以利潤中心制的出版單位有一定的資本額，該單位專業經理人也身兼總編輯，並對自己部門負責，方法常見專業經理人也要入股，投入自己一部份的資金，並扮演掮客對外尋找新股東，當然控股集團會評估其發展潛力，是要抽資金還是斷其金援往往都在第二年結束時發生。當然有些文學出版社不敵商業出版，多在該集團內認

賠殺出，成為曇花一現的文學出版社。[6]

　　有趣的是在臺灣，出版編輯人員薪資雖不豐厚，根據2017年臺灣出版產業調查報告指出，[7]新進編輯人員薪資為新臺幣27435，五年以上資歷者35617，調查如此，且大致符合出版薪資5432的規律。[8]但不論如何出版這項人文意涵的象徵，最古老的文化創意產業，自然有其魅力吸引就職時的選項。

㈤課堂實踐與成效

　　就決策機制而言，臺灣出版企劃的觀念自戰後可分成三個階段[9]四種類型[10]，對照平面傳播來看，似乎在「出版者為中心」的地方停留，也有其環境受限及資金不足的現實。際此，課堂實踐中，亦首重編輯企劃，因為出版的印刷及發行實為另二項專業領域，雖筆者在課堂綱要上有所安排，[11]但援引臺灣以編輯創意為中心的角度，仍以成品實務編寫

6　陳謙〈洛陽紙貴的變貌：當代文學事業的挑戰〉《臺灣文學館通訊》63期（2019年6月）頁6至10。

7　《106年臺灣出版產業調查報告》，上冊file:///C:/Users/USER/Downloads/106%E5%B9%B4%E8%87%BA%E7%81%A3%E5%87%BA%E7%89%88%E7%94%A2%E6%A5%AD%E8%AA%BF%E6%9F%A5%E5%A0%B1%E5%91%8A-%E4%B8%8A%E5%86%8A.pdf

8　請參見本文文末：「附錄二：編輯職能與薪資結構」

9　丁希如（1999）認為，自戰後至今可依企劃編輯觀念的不同，共分為以書稿來源為中心、以出版者為中心、以市場為中心三個階段。

10　吳適意（2003）則將編輯決策風格區分為「分析型」、「概念型」、「行為型」與「主導型」四種。

11　「出版學」課程大綱／授課教師陳文成
出處：國立臺北教育大學「教務學務師培系統」公開查詢欄位
https://apstu.ntue.edu.tw/Secure/default.aspx（上網日期2019/12/22）
課程綱要：（含每週授課進度）

製作為導向，製作前簡介雜誌在出版位置以及特性，進而實際進行封面故事選題、開本選擇、印刷企劃、落版規劃、採訪企劃、甘特圖擬定，SWOT分析、消費者市場調查等實務作業，過程與業界無縫接軌，實際在實做中學習一本刊物如何誕生。編輯企劃的重要性，主要是要在編輯刊物之前：

必須擬有編輯政策與編輯計畫，即所謂企劃。編輯政策是理想的原則化，編輯計畫是政策的具現化。理想與政策構成編輯指導的一面；而集稿、選圖、劃樣、付排、校對、印製、裝訂，則構成編輯的執行或技術的一面。缺乏指導，易流於盲目工作，缺

第一週　課程內容簡介、出版概況介紹
第二週　出版與文明演進、社會文化的關係
第三週　臺灣出版簡史
第四週　世界出版簡史
第五週　臺灣出版市場現況
第六週　中國大陸出版市場、華文出版市場現況
第七週　出版社的組織與結構：集團化的出版事業與小出版社
第八週　出版社的經營與管理
第九週　出版企劃：專題企劃與出版方向訂定
第十週　著作權法與版權交易：如何與作者簽訂合約
第十一週　編輯能力養成：資料的選編原則、改寫、審稿、下標題、校對。
第十二週　編輯能力養成：版面設計、構成、圖片選用。
第十三週　出版社與印刷廠：印刷概論與流程說明
第十四週　電子、多媒體、數位出版之流程與市場概況
第十五週　出版社與經銷商：如何與中盤商談代理、出版品、發行與經銷通路概況
第十六週　出版社與書店：出版品、發行與經銷通路概況
第十七週　出版行銷與銷售：書展、行銷企劃、廣告媒體策略運用
第十八週　期末報告

少執行，則淪爲空想作夢。故有整體周密的企劃，方不致使刊物毫無保留價值，形同廢紙。而決定編輯政策，左右編輯計畫的，正是創立人的理想，此理想乃是指導整份刊物的總原則。[12]

況且須文蔚曾指出刊物企劃編輯的類型，計有：

1. 專題編輯企劃
2. 出版與跨媒體整合企劃
3. 活動與事件企劃
4. 媒體公關企劃

以上這四個類項，可以概括選題策略的相關發展，我們也引導同學就這個框架出發，其中尤以「專題編輯企劃」爲發展核心，整體展現其個別意識型態與刊物製作美學。藉以「專題編輯企劃除了將構思具體化成種種步驟外，更有提升內容深度，與切合讀者需要，引起讀者興趣，並塑造刊物風格的用處」。[13]

　　而專題編輯企劃的練習，有賴科技進步之賜，坊間有一種印刷型態，相對於油墨的平版印刷，因爲印刷數量經市場評估後低於三百本，出版社選擇退到經銷角色而讓著作人自負盈虧，一種POD（Print on demand）的印刷方式因應而生。這種簡稱爲「隨選列印」的印刷模式，通俗一點的說法就是我們常見的「影印」，但加上封面的裝訂與膜面的加工，成爲最陽春最基本的書籍。這種最早產生於公務機構結案或因應學生學位論文少量印刷的印件浮上檯面，最早的機器猶如傳統四色

---

12 羅莉玲編著（1994）。《編輯事典》。臺北：大村。頁41。
13 須文蔚（2004）。〈臺灣文學同仁刊物編輯企劃與公關活動之研究〉。創世紀詩刊140-140合期，頁129-146。

印刷機大小，佔空間且機器成本高，二十多年發展下來，機器縮小，成本急降，目前就連一般學校周邊影印店都有能力購買，一些原本作海報、名片、DM的小廠商也加入市場搶食，對使用人越趨便利。也造就學生練習上的便利。

　　筆者所在學校雖有通識中心配課相關綱領，就上下學期的「閱讀與寫作」而言，希望教師們上學期注重閱讀與寫作，下學期注重文學應用，但由於師資專長多數無法搭配，下學期應用文學只流於形式，多數師長們重閱讀輕寫作已然與課程設定比例脫鉤，文學應用更避諱不談，[14]以致多數學生認為這門課是「高四國文」，成為高中國文課程的延伸，沈痾已久難挽頹勢。相對於自己在應用文課程地圖上的實踐，自然以自身專長投入教學，就通識中心部分，自2013年迄今，學生成果（作品集）每學期（年）每班約產製50冊[15]，透過實務製作，希冀同學做中學，更希望一年級課程完成後，日後可自主性銜接。以2019年文化創意產業學系為例，同學五人組成團隊參與學校深耕計畫並發佈成果展，完成線膠裝月曆書《秧菜誌》等印刷物，應可一窺後續發展成果。[16]

---

14 2013-2014筆者兼任通識中心行政，處理教材編輯出版、課程綱要領域劃分與改革工作相關工作，最後教材部分計有2016五南版《閱讀與寫作》（與方群、王鳳珠、夏春梅合編）；2017五南版《現代詩讀本》（與顧蕙倩合編）；2018五南版《當代極短篇選讀》（與古嘉合編）；2019五南版《當代散文選讀》的編選（與向鴻全合編）；以及筆者專書《故事行銷：劇本企劃寫作實務》（2017小雅文創）；《編輯出版實務》預計2020年出版。另因應系所評鑑創刊《北教大通識學報》（2014年9月）只出刊一期，因為評鑑通過而停刊。

15 每組6人為限，每班約45人，每班約7組，每學期8個班級，每一學期（年）約50本。

16 「秧菜誌」取名自閩南語諧音「撒下菜籽」。我們邀請年輕人加入小菜籽的行列，透過手札型週曆，日積月累、潛移默化的認識臺灣菜農的日常生活。https://www.facebook.com/Needtofarm/?__tn__=kC-R&eid=ARDtZbAFGbee3MU3-SeCg3mxCDRB_rFmIBne1A4XaZe7dnHm_JyJIvpXpoB-XHoO2VxZ9MCqrwS-bxf4&hc_ref=ARQ6H25bQahsLlnpoY7HhJuzprF6

三、結論

　　本文以如何創新？怎樣改革？入題，大學是銜接社會最重要的一個結點，當今社會急需人才培育的需求，傳統通識「大一國文」課程改革呼聲不小，通識「國文」課程改革目前已是一致的目標，包括縮減學分從每學年六學分減少到四學分，但重點改革方向是要將一般大眾認為形而上無用的思想，轉換成眼見為憑有用的文學應用，於是很多學校直接藉由課程委員會修訂學分配置，上學期注重閱讀寫作練習，下學期直接以「應用文」或「實用中文」為課程名稱，各校順應時代需求立意雖好，但實際執行上，有著顯在的難度，實際實施上確實困難重重。

　　本文亦以臺北教育大學語創系及通識中心授課實務進行分析整理，並分享課程綱要與實施方式，希望能夠提供更多語文學門與通識或共同中心若干應用文之編輯出版課程相關訊息，期能達成校際交流，共同借鏡之目的。

　　少子化來臨的新世紀，學校法人及教師即將面臨學生就業壓力環境下衍生而出的課程改革討論，然而大部分仍流於形式上的研議而已，高教端一向自恃甚高，不願曲從技職體系以「有用」為教學變通之道，注重形而上精神性的結果，就是私校中文系、歷史系、哲學系這些倚重人文的學門逐一關門，試問：佛光山系統大學用信眾的錢減免學生一半

WuR0qHyLVsSBtdnYciPqMc4uMH8RNseTNI5bnGI&fref=nf&__xts__[0]=68.ARChknvvb
RPc13BozTPwyG7KKQSqL7s4kv2xIvS5EqvJx_NLFCjxOz7z2dxplWMUz_dMGg66C2CFz4
A7OnA3h7YksrfG_GsEKrA5i1G8E9X5nHuW2RV_YYiX9D-GHOT4ci6IepycG0BSy46fz-
4Zjjbg6yfs1QFwnMb5rjc3Kzqc7qamJGwYunJBE5A6g7iBLaE09kkTCUKm1Fz7cIp4ztBPC
lZp8rcz7OUvA7tY6ClV3DFfRqcDGUZF_Aw-ZK38Vl_X3dFDJ8J1j9CWoBK-lTg4vMm7-
zdaFlkeqv0hPJ-m-uVVt7dteBIFxUtbrQXyiuRYikd9wiookUsVL0zYKCojdRz5Fzun412s7lCNE
ANX1o2btiXIWqA

的學雜費撐持起前列的系所，不知還可再抵擋下一波的少子化攻勢？佛曰：不可說，不可說，是嗎？用學生的前途換得教師自己的安逸，如何心安理得。

附錄一：臺北教育大學語文與創作學系出版學與編輯學開課一覽表

編輯學	2	編輯學入門介紹 報刊之編輯入門	選修	96學期（上）	施沛琳
出版學	2	圖書之企劃 圖書之編輯	選修	96學期（上）	陳俊榮 （專任）
出版學	2	圖書之企劃 圖書之編輯	選修	97學期（下）	陳俊榮 （專任）
編輯學	2	編輯學入門介紹 報刊之編輯入門	選修	98學期（上）	施沛琳
編輯學	2	編輯學入門介紹 報刊之編輯入門	選修	100學期（上）	陳萬達
出版學	2	圖書之企劃 圖書之編輯	選修	99學期（上） 100學期（下）	陳俊榮 （專任）
編輯學	2	編輯學入門介紹 報刊之編輯入門	選修	101上	陳萬達
出版學	2	圖書之企劃 圖書之編輯	選修	101上	楊宗翰
編輯學	2	編輯學入門介紹 報刊之編輯入門	選修	101下	陳萬達
出版學	2	圖書之企劃 圖書之編輯	選修	101下	楊宗翰
出版學	2	圖書之企劃 圖書之編輯	選修	103上	陳文成 （專任）
編輯學	2	編輯學入門介紹 報刊之編輯入門	選修	105下	陳萬達
出版學	2	圖書之企劃 圖書之編輯	選修	105上 106下	陳穎青

出版學	2	圖書之企劃 圖書之編輯	選修	107下	胡金倫
出版學	2	圖書之企劃 圖書之編輯	選修	108上	林以德

製表／陳明真（語創系助教）2019/11/21

附錄二：編輯職能與薪資結構

　　薪資常見所謂的：五四三二，也就是說除卻發行人、社長薪資為業界黑數之外，大致尚稱透明。出版業固然是商業機構（少部分是NPO），所以除了營利以外，多少帶有理想色彩。當然也有少部分是純粹營利考量，但畢竟有文化的外衣上身，形象總是一種尚稱完善的包裝。臺灣十年來處於低薪狀態是事實，中小企業主一般就算利潤豐盈也絕對不易掏出口袋與員工共享亦是事實，因此有制度的出版公司成為求職者心嚮往之的選項，照著制度走雖仍有不少內定的私人情感考慮，但基本型式上已看似公平。出版工作也雷同於其他工作，因與主管不合者而離職佔三分之二強，無奈這又是中小企業特有的宿命，這其間以下表之一集主管或主要投資者為主要對象。就資方而言，永遠自我感覺良好，筆者遭遇過的資方多數為此種類型，所以觀察一家出版社的人員流動情況，永遠是最客觀的統計數字，若一家以部門各自為利潤中心制的出版小單位來看（同常發生在出版集團），若出版部門換血的速度每年皆小於二成，也可以知道這集團化本身也可能有管理上的問題。在國外出版的百年老店比比皆是，在臺灣卻是八成出版社都會在二年內結束營業，情況可想而知。根據行政院主計處數據顯示，2018年中位數實質經常性薪資為臺幣38179元，這個薪資等地相當於下列表單中的資深編輯，只差一步就再躍昇為主編。但主編以上佔比約占業界人數三成，因此可知出版業七成以下都在這個水準之下，所以出版業收入並不豐裕。但出版編輯其實也是跨域進入各種行業的最佳跳板，因為在型式近似的

生產作業下，內容各有不同，因此這行業的迷人之處，經常也在於可面對不同選題與不同挑戰。常有人問到編輯人的特質為何？那就是開創議題，將其規劃為讀本，也因此必需具備該書系領域的專業知識與若干技能，此部分容專章時再行說明。但出版人最需時時提醒自己的工作心態，其實就是檢核確認再三，錯誤一定會有，但不可把錯誤當藉口，該在錯誤中穩健學習，才足以成就自己出版工作者的夢想。下表僅供求職新鮮人參照，作為入行的數據資訊。

表　臺灣編輯出版從業人員薪資水平略表

	級職	薪資水準	工作職掌
管理人（一級主管／投資人）	發行人／社長／總經理	不透明 據聞月入10-20萬者僅20%	風險控管／尋找專業經理人／財務
經理人（二級或部門主管）	總編輯 副總編輯 執行副總編輯 經理 副理	40000-60000	選題策劃／
（三級主管）	執行主編 企劃主編 美術主編	30000-40000	資深另加年資／升遷不易，有時公司另組單位供其擔任經理人
實務執行者	執行編輯	28000-30000	
助理實習生	編輯助理	24000-28000	
其他／含外包之權宜雇用	校對 印務 財務會計	除財會外，多為權宜雇用者，論件計酬多	

資料來源：筆者自行整理2019/01/10

專題採訪稿常見的兩種類型
（附文本範例）

　　雜誌業界向來編採分離，以我服務過的時報周刊為例，記者擔任採訪者，必須在每週預定的時間交付主管委任的案源與文圖。每一件委任案都有清楚的字數與所需圖片之規定，馬虎不得。採訪前的工作就是要明白稿件處理的方式與步驟，資料的蒐集與準備，更應該是駕輕就熟的反射動作。

　　拋開教科書林林總總的名目，實務經驗上專題採訪稿可分成二種呈現方式，分別是「題綱問答式」與「報導式的主題訪談」。

一、題綱問答式

　　著重在逐字稿的細緻整理，通常用在深度訪談的主題，當然題綱的建立是勝敗的關鍵，做多深的預備功夫，採訪者自然會大有斬獲。深度訪談以問答方式處理，常見訪談人物具備典型性或開創性，值得以文字或圖像加以記錄，不同於一般新聞性較強的報導式專訪，藉由題綱的構成，透過逐字稿的整理，選擇性的留下寫作者可以集中的主題，加以發揮。其實逐字稿的完成還是必須經過寫作者的篩選，取是捨非自然是最

大原則。

　　題綱處理好其實段落已經完成。每一個段落的題綱恰如分段標題，說明著內容的重點，這部分不能輕忽。根據統計三分之二對內容不感興趣的讀者，還是會掃描一下分段標題要，這類問答式的專訪，要很清楚的將事件重點呈現，並試著導引出「故事」，要知道沒有故事內容就會乏味。當然，題綱問題的順序，可依照實際寫作時調整，記得事件與故事僅一線之隔，沒有故事的報導，只是事件主題的淺碟呈現而已。

　　如果要豐富題綱問答式的趣味，可加上「人物側寫」的BOX，針對訪談環境氛圍或實況觀察，補述一篇300字內的短文作為註腳。

二、報導式的主題訪談

　　屬於實況的情境，可將現場環境與受訪者的型態先做概述，建議多以引號內陳述出受訪者的原音與談話，讓讀者身歷其境，理解事件的始末原委，而非採訪者的想像。

　　這類的文字有時對人有時對事。對人時著重人物為焦點，對事時可能是一件活動或一個專業領域的挖掘或介紹。要記得雜誌報導不是一本五萬或十萬字的專書，一定要從一個主題入手，好比一齣電影通常只有一位主角，主角在追尋的歷程當中一定會面臨一項等待著他的課題，這時也一定會有大魔王及支持者出現。這些是讀者百讀不厭的劇本。但記得，只要一個主題。

　　「主題」是「作者蘊藏在作品中，以期傳達給讀者的思想、義蘊，也是讀者經由閱讀作品而把握寫作對象之思想與意圖。」這裡的作家當然是採訪者，透過文字圖像為媒介，克盡職責的傳遞文字的情感溫度，值得大家朝此目標前進。

　　這二種寫作方式列舉如下，這裡使用的文字皆為筆者撰寫，以期令

同學採訪稿寫作前有所參酌依據。

　　特別注意的是作品範例02：報導式的主題訪談。該文與範例01同時採訪，但體例01為「題綱問答式」，02則為「報導式的主題訪談」。

作品範例編號01：題綱問答式

＊作業欄：

專題名稱	文圖數量	交稿時間
詩永不死：訪林亨泰	字數6300+200字，圖片請提供3-5張 ＊BOX請附200字受訪者簡歷	1993/01/31 請寄至****@gmail.com 編輯陳宜靜小姐收

主標：詩永不死
副標：訪林亨泰
引文：

面對大師／九○年代市場趨向的消費觀念下／一片「文學死亡」的呼聲此起彼落／在長達半個世紀的詩文學志業裏／林亨泰先生以實際創作印證其紮實的理論／奠定了批評家與詩人的地位／且懇切告訴我們：只要一個詩人不放棄寫詩／詩永不死。

陳　謙（以下簡稱陳）
林亨泰（以下簡稱林）

分段標題：找出詩的戲劇效果
　　陳：詩是語言最精緻的藝術，您從早期日文寫作，誇越到華語的創作，且經歷銀鈴會及現代派，到目前落實本土的關懷態度，可以說對語言有多樣的體認，現在想請您就有關語言的表現方式來談，什麼樣的語

言才是最適切的語言操作方法？

林：詩以文字寫出之後，「字義」就代替了「詩意」，尤其像漢字，這種表意文字的字義非常濃密，如果像英文那種表音文字，字義少干擾也比較少。通常我會儘量地減少這種字義，儘量不依賴它，讓每一個字變成存在，讓每一首詩的字與字、行與行都變成了存在與存在的關係，再讓這些存在互相交錯、激盪、牽制乃至抗衡，而產生了戲劇性的效果，這是我寫詩最基本的一個想法。

陳：在你學習的過程當中，包括最初的日文創作，有哪些人事物，以及哪些書籍對您的影響最為深遠。

林：因為我接受的是日據時代的教育，當時課本，從小學、中學都有一些詩，尤其到了中學，正課本外，還有「副讀本」副讀本完全是文學作品；本來正讀本就已經有不少的文藝作品，再加上副讀本，使得我們接觸的文藝作品更為豐富，不過，剛接受學校文學教育時，還不很了解真正的文學到底是什麼，到了中學時，我喜歡到古書店去逛，這種書店的書因為便宜，且有許多不同於課本的文藝作品，令人愛不釋手，也因此慢慢會接觸到當時詩壇上或文壇上的各種文學運動，同時，也學會了如何去分析批判；那時在軍國主義的統治下，課本選的都是比較「正派」的詩，現在接觸到這類比較自由的、具有批判性的文藝作品，於是改變了我以後選書的要求，課本成為次要的，就此培養了自己選書的能力。

分段標題：對台灣文學教育的觀察與借鑑

陳：剛剛林先生提到副讀本的問題，你覺得當前我們國內的中、小學校，在文學教育方面做得如何？

林：我覺得這邊文學教育非常不夠，只有國中、高中的教材中有些點綴式的詩作品。而我那個時代，雖是一個軍閥跋扈的時代，但是有副讀本，而且那時也沒有因軍閥而改變課本內容，所以還是可以接觸到比

較好的作品，他們的政治宣傳是利用其他別的管道。

　　若以戰敗後最近日本的新課本來比較，台灣的就更差了。以我有限的資料來判斷，目前日本的文學教育並沒有政治介入，課本完全是一種自主的編纂，教育家可以自己選定教材，所以他們的教科書編得很好；以小學課本來講，版本很多，我看的那一套能不能代表全部我不清楚，不過他們每一冊有九課，一半是文學的教材，一半是語學的教材。所謂文學教材，一年級開始有「民話」，高年級就有「小說」，這是從民話慢慢引導學生對小說的欣賞。而詩，則從比較簡單的童謠開始，一年級雖簡單，但也有翻譯的外國民謠。換句話說，他們小學的課本每課都附有作者姓名，並不是課本編者隨意杜撰的，而且收入的作品也是被公認為好的作品，都是大家熟悉的日本名家的作品。

　　陳：也就是說它本身就是一個很自主的文學作品。

　　林：對，日本學生從小學、中學到高中的過程中，可以有系統的接觸到現代詩或現代小說，而且接觸的層面很廣泛而不分派別。

　　高中，他們叫做高等學校，有一門課「日本文學史」，更把從小學到高校所接觸的作品理論化。他們有系統地予以分門別類，然後歸類出自然主義、象徵主義、普羅文學等等，其他像「新感覺派」、「超現實」等文學用語也會出現，如果你要考大學，這些都要熟記，所以他們不但接觸實際作品，而且還把它理論化，這種有系統的課程，我們這邊完全缺乏。

　　日本高校生唸的這一部「日本文學史」，一半以上就是屬於現代文學，屬於古典文學部分約占一半。幾乎每個成名的作家，不管什麼派別的都會被收入，甚至他們的照片、成名作品某一段或幾行會被摘錄在這部文學史中。關於這一點，我們這邊的學校幾乎沒有，所以差別很大。

分段標題：詩人名作〈風景〉自述

　　陳：現在談一些比較形式上的問題。我們知道您在五○年代有二首

「風景」的作品，那也是最被大家討論的作品，大家對它的評價一直有二極化的傾向，有些人肯定它的美學成就，有些人質疑它到底有沒有具備成爲詩的質素，能不能就這一點，請您提出比較自我的見解。

林：這完全要經過一個認識論的顛覆之後才能夠體會出來的，如果只以傳統修辭學的觀點去探討的話，當然，無法體會出眞正的意義所在。這必須要經過一段很長的一連串顛覆過程才可以達到，我的「風景」跟繪畫的「風景畫」有密切的連貫。風景畫的產生是經過幾百年的演進才出現的。頭一次出現的是文藝復興運動時期達・文西所畫的「蒙娜麗莎」，她的背景是一個純粹的風景。中古時代，風景只是人物畫的背景，若是神的畫面，比如耶穌基督，頭上一定有光，背景完全是用來襯托人物的偉大；但蒙娜麗莎的背景跟蒙娜麗莎這個人物並無關係，它本身就是一個純粹的、客觀的風景，它不是爲了要襯托她而畫的，所以她被背景疏離了，她一方面壓抑著自己的內面，一方面被風景疏離，因此，她那「謎樣的微笑」才顯得印象深刻。不過，「蒙娜麗莎」只是作爲背景的風景，風景本身純粹成爲繪畫的對象，正式成爲繪畫的題材，這必須等到十九世紀以後，「風景畫」才成爲繪畫的主流。十九世紀出現的這種大自然的風景畫，跟中國的「山水畫」不同。山水畫在畫之前就有一個先入爲主的人文觀念，風景畫則不同，它是把自然很客觀的呈現，這個需要「遠近法」的襯托才可以顯現出來，換句話說，它必須經過「遠近法」這番認識論，從根本的一個顛覆之後，始有純粹風景畫出現之可能。

文學方面更晚，我的風景畫必須等到二十世紀火車、汽車這類快速交通工具普及化之後才有出現的可能。我這兩首「風景」是在溪湖到二林的途中坐在巴士上完成的。我坐在車上，我從車窗眺望遠景，防風林一排一排，車快速的飛過，這種現代交通工具的因素，會促進我們認識論的變化。不過，這並非是排列的，它朗誦起來非常好聽，有其音樂性，所謂音樂性是指順著時間前後而發展的。第一行唸完才有第二行，

第二行才有第三行，它並不是一行、二行同時出現。如果是排列的，就是同時出現，我不是，我可以一行一行、一個字一個字，讓它慢慢呈現出來，所以它是有發展性乃至深度感的，現在問題在於看這二首「風景」詩時，有沒有經過前面所說的認識論顛覆，如果有，我那「風景」是一種「立體的存在」，如果沒有，便只能淪落為「平面圖案」罷了。裏面沒有形容詞像「多麼偉大」、「多麼美麗」……這一類的修飾。而「防風林」，它是一個存在，甚至於本來在修辭學裏面的「的」，只是要把二個「名詞」連接起來而已；但在我這兩首詩裏的「的」是有它的作用，「的」本身也是一個存在。防風林的／外邊／還有／防風林／的／外邊／還有……這裏「還有」並不是一般所說的還有，這裏的還有本身也是一個存在。我讓每一個存在都有它井然的秩序，每一個「防風林」跟「的」的互相關係，以及「的」跟「外邊」、「還有」都有存在的關係，讓這關係顯現出來，產生了戲劇效果。

以創作的時間來說，風景的兩首作品，是屬於現代派時期，然後才有「非情之歌」，然後才有現今以政治社會所結合的作品，然而其重視現實卻是一貫的。在現代派之前，我已敏感地反映了整個大環境的流變；在推動現代派運動的時候，也將字義乃至裝飾意味減到最低限度，在「非情之歌」之後，我所創作的八首「爪痕集」，它也是從現實層面淬取而出的作品，盡量排除修辭上的字義是我一貫的作法。

陳：在您曾出版的詩集中，您覺得哪一本書您的語言掌握得最穩健、最成熟，能否提供我們參考。

林：事實上我的作品不過二百多首，將來出版時，我將把它歸類為四本書，分別是四〇、五〇、六〇年代及七〇～九〇年代各一本，每一本五十餘首作品。現在如果要將我的作品根據其語言特質推薦給讀者的話，端看其對詩的需求程度，或者學習環境的不同，可能有不同的情況。依我自己的觀念來說，我第一個階段寫的作品仍是較為拘謹的。我的第一本詩集是用日文完成的，我出版後寄放在親戚家裏，因搬家清理

而全給燒毀，一本也沒剩，後來國外某大學圖書館來信說，他們收集我的作品，獨缺我的第一部詩集《靈魂の產聲》，結果無法寄給，後來在朋友處找到了一本。這是年輕時所寫的，應該也蠻適合年輕人看。此外，《爪痕集》這一本詩集，倒也適合未經認識論顛覆的讀者接受。

在我的想法裏，語言的表現方式愈白愈好，只求能以語言的「言外之意」來感動讀者。

分段標題：銀鈴會與二次暫停創作的背景與緣由

陳：我們知道您曾經二度輟筆，不知道是什麼原因令您想停筆，又是什麼因素讓您披掛上陣，重新拾筆，繼續創作？

林：第一次是一九四九年銀鈴會遭到挫折；跑的跑，抓的抓，一九五〇年整個文學環境陷入低潮，當時因為國民黨政府流亡到台灣，興起了戰鬥文藝。一九五〇年我自師大畢業，回到北斗中學任教，本來寫作是一種興趣，可是遭到整個大環境的牽制之後，也就覺得沒有什麼趣味，不想寫了。後來因為某個機會，到彰化高工任教，一天又去逛書店時，看到紀弦編的《現代詩》季刊，裏面有一些法國主要的詩人及一些現代主義的詩人、文學家的作品，我忽然靈機一動，想提筆再寫，於是開始用筆名「恒太」向《現代詩》季刊投稿，至此，才跟《現代詩》季刊的一些朋友接觸。

現代派未發動前，我寄了一首「怪詩」給紀弦，裏面我描述輪子轉轉轉轉，像翻筋斗一樣朝四個方向翻轉了四次。之後，又接到紀弦準備發動現代派運動的來函，於是，劃時代的現代派運動就這樣揭開了。

第二次停筆是在我編《笠》詩刊的時候，那時因為山崩，加上身體不適，跟病魔纏鬥了八、九年，這中間大概停頓了十年。有一次在《中國時報》看到關傑明發表對現代詩的批評，及後來的唐文標事件，進而掀起七〇年代的鄉土文學論戰，我當時覺得時代正要轉變，有一種壓抑不住的慾求，促使我再度提筆的衝動。

陳：我知道您也是銀鈴會的一員，想請教您日據時代的銀鈴會，對於那個時代具有什麼象徵意義？它最大的貢獻在哪裏？

　　林：我也曾寫過幾編關於銀鈴會的論介與撰述，但不知道爲什麼，一些文學史論家，卻有意無意的忽略它，甚至幾次較大型的文學討論會中，都認爲四〇年代的台灣文學是一片空白，這是錯誤的，除非你不認爲詩就是一種文學。

　　我在二二八事件之後加入銀鈴會。我們在一九四八年復刊之後，出了五期；在意識型態上有所轉變，作品有愈來愈激烈的傾向，這是對現實世界的一種關注。記得當時有讀者投書，認爲我們的文學作品怎麼盡表現黑暗面；從刊物可以看出一期比一期對於社會的批判，對於環境的關切，在成份上有愈益濃烈的氣象，那時可能跟整個大環境有關。所以，如果說整個四〇年代的文學是一片空白，這點我有相當大的意見。因此若要說銀鈴會的最大貢獻，就是讓四〇年代的文學沒有空白；另一個意義就是建立一種批判的、反體制的台灣精神。

分段標題：從寫什麼？到怎麼寫？現代派與近代文學發展

　　陳：五〇年代的現代主義，在目前的文學評價上，功過皆有，能不能就您個人的看法，陳述一下現代派對於我們現今詩體的改造，或內容上有什麼樣的影響？

　　林：我覺得它的最大意義，就是有一種方法論的態度。也就是說從寫什麼？到怎麼寫？是一種實驗精神的闡揚，證明並不是只依傳統就可以寫好詩。但是任何事情都有過與不及，所以有些作品在實驗上會有「過頭」的情形，我不說它是現代派的失敗，因爲作爲一個運動體而言，擁有狂熱的信徒的運動，應是成功的。可見得現代主義在當時，有其繁衍性；如果說現代主義是一片田地的話，那麼它是相當肥沃的，很多人一掌握它，就可以繁殖很多作品。

　　本來台灣的文化層面是追隨大陸的，只有這一次反而超越且領先大

陸。我們看大陸在朦朧派出現之後，詩才有較好的品質；也就是說，台灣領先了二、三十年，現在說經濟領先大陸，其實在詩文學方面，我們的成就早在大陸之前。

我看一些鄉土文學論戰以後的詩，有很多仍採用現代派時期開拓的方法和技巧，如果擱置不用，彷彿顯得平淡無味；從表面上來看，當時的鄉土論戰好像很排斥現代主義，但實際上，仍是脫離不了關係的，我剛剛提到，現代派運動時期，有些作品的確「過了頭」，但那只是少數人的少數作品，不能以偏概全；所以鄉土論戰以後的那些詩人，他們雖不說，但實際上仍沿用了許多現代主義的方法及技巧，所以我覺得可以從寫什麼，正視到怎麼寫的問題，也就是在技巧上有某種程度的提昇作用，正是現代派對於今天每一個創作者最大的意義。

陳：我們知道林先生近來也從事台語詩的創作，現在我想請問一個近來較為流行的話題，那就是有某些詩人主張，如果不使用台語文字來創作，便不叫台灣文學？另外，您對於台語詩的創作，在文字的使用方面，有什麼樣的意見？

林：現在我想針對一些語言與表現之間的問題作思考，也就是說，「台灣文學」的語言條件到底是什麼？打個比方來說，你要寫日本歷史，用華文撰寫，它還是日本歷史；但如果用華文來寫詩或小詩，即使作品中有日本歷史或日本地名，它仍是屬中國文學，所以同樣用華文寫歷史或文學作品時，就不一樣了；以華文寫日本歷史，華文只不過是工具，但，文學作品中的語言本身不能就其工具的性能來看，它應該有超越工具的立場。當你特別要說台灣文學的時候，如果你說日文、華文或台文來寫都是台灣文學的話，這變得非常的混淆；所以如果真正要說台灣文學，當然以「台文」寫成的作品才可稱「台灣文學」。

但是什是「台文」呢？這是屬於政治的範疇，像瑞士有四種國語，他們的作家只要使用其中的一種語言來創作，都屬瑞士文學。如果台灣是一個國家的話，那麼使用日文、華文，乃至於台文，也都屬於「國

語」，也都屬於「台語」，這樣一來，只要用它們來寫也都可以叫「台灣文學」。目前問題存在於政治上的未確定論，也就是說「台語」到底是什麼呢？我們不能一廂情願地、狹義地去加以界定。

談到文字的使用問題，我們可以看到，目前市面上出現很多大字典，但是每一版本一個樣，各有不同的面貌，實在令人無所適從。我覺得這花在研究的時間上太浪費了，不妨出一部簡單的、通俗的，而且過一段時間可以經由大家討論而修改的。文字使用方面，我覺得筆劃少、書寫起來方便，就是適當的。你用考據的結果，找出它的本字，如果簡明易懂，倒也不錯，可是，繁複而難懂的話，那就有失科學意義了，在文學逐漸簡化的進程裏，這是退步的。我們甚至於也可以自己造字，過去我們依賴華文，有一種甩不開漢語的情結，我本來也想大量用台文來創作，但每每想到很多問題就很頭痛，所以現在還是推不動。

陳：最後我想請教一個問題，因為近來在詩壇上頻頻傳出詩的死亡、末路等等的警訊，能否請您就九○年代以後詩的發展及遠景，說一下您個人的看法。

林：我在《中時晚報》曾發表一篇〈詩永不死〉，提到只要一個詩人不放棄寫詩，詩就不會滅亡。一百或二百年後，仍會有一些人會到舊書攤、圖書館去找某某人的資料，這一類蒐集家任何時代一直都是存在的，所以詩是不會滅亡的。

詩，是我一種「生理」上的慾求，依我自己的經驗，因幼小日本教育給我徹底的文學教育的關係，文學變成我本身的一部分，丟不掉。不管是醫師、教師、工程師，或商人也好，當他工作完畢，休息時間要做什麼？這時，聽聽音樂，欣賞一幅畫或讀一首詩也不錯。所以人本身不只心理上，連生理上都會有這種慾求。現在問題就在學校有沒有給予適當的教育，培養欣賞現代詩、現代文學的能力。一般人因為不了解現代詩，所以不會去接觸，若了解，他自然就不會排斥，這和欣賞畢卡索的畫一樣，如果學校有適當的教導，人們就不會覺得他的畫很奇怪了。

現在社會人士因為不懂現代藝術，所以才會往感官刺激求滿足，這是因為學校教育並沒有好好培養現代藝術讀者的緣故，藝術教育是非常重要的。

林亨泰先生簡歷

台灣彰化人，1924年生。師範大學教育系畢業。曾任中學教師廿五年，現於東海大學、台中商專等校教授日文。

1947年加入銀鈴會，1956年參與現代派運動，發表前衛性作品，主張詩的現代化，對當時的詩壇影響頗大。笠詩社發起人之一，並擔任首任主編。

早期作品極富實驗精神，可說是當時現代派的理論指導者，他的詩透過知性與內在音樂性的追求，使台灣的現代詩呈現一種新的面貌。

著有詩集《靈魂の產聲》、《長的咽喉》、《林亨泰詩集》、《爪痕集》、《跨不過的歷史》；詩論《現代詩的基本精神》。

⊙原載1993年《台灣文藝》135（新15）期

作品範例編號02：報導式的主題訪談／對人

* 作業欄：

專題名稱	文圖數量	交稿時間
現代詩與文學教育：訪林亨泰	字數2200字，圖片請提供3-5張	1993/01/31 請寄至****@gmail.com 編輯陳宜靜小姐收

主標：現代詩與文學教育

副標：訪林亨泰

　　灰雲籠罩的午後，盆地的氣候格外陰濕。一如九〇年代純文藝市場的蕭條與低迷。而在大學之道的羅斯福路，一位遠從彰化前來的詩人林亨泰，卻帶著滿臉陽光的笑意，風塵僕僕地來到我們的寫作小屋，就詩的相關問題進行探討。

　　語言是文學的素材，詩更是最精緻的語言藝術。然而現代詩卻因其意象的繁複與文字的壓縮，及「一小撮人」利用語言「自瀆」，造成習慣以散文語意思考的大多數讀者，在閱讀詩難以進入詩的堂奧，使詩和讀者間的距離越來越遠。

　　林亨泰先生從日文寫作，跨越到華語的創作，甚至到目前若干台語詩的表現方式，可說是體驗豐富，而語言最適切的操作方式是什麼樣的情形呢？林亨泰先生表示：

　　　「漢字是一種表意的文字，其字義相當濃密，不像英文是種表音文字，字義少干擾也少。通常我會儘量地減少這種字義，儘管不依賴它，讓每一個字變成存在，讓每一首詩的字與字、行與行都變作存在的關係，再讓這些存在互相交錯、激盪、牽制乃至抗衡，而產生了戲劇的效果，這是我寫詩的最基本的一個想法。」

　　在文字自主的存在意蘊中尋求互動的關係，是身為文字工作者當應達成的標的。而當我們一味譴責文學漸被輕薄短小的消費性格取代的同時，國內的「文學教育」到底如何呢？

　　目前仍執教於中部多所大專院校的林亨泰先生，以教育家多年來的心得，語重心長地道出他的看法：

「我覺得這邊文學教育非常不夠，只有國中、高中的教材中有些點綴式的詩作品。而我那個時代，雖是一個軍閥跋扈的時代，但是有副讀本，而且那時也沒有因軍閥而改變課本內容，所以還是可以接觸到比較好的作品，他們的政治宣傳是利用其他別的管道。

若以戰敗後最近日本的新課本來比較，台灣的就更差了。以我有限的資料來判斷，目前日本的文學教育並沒有政治的介入，課本完全是一種自主的編纂，教育家可以自己選定教材，所以他們的教科書編得很好；以小學來讀，版本很多，我看的那一套能不能代表全部我不清楚，不過他們每一冊有九課，一半是文學的教材，一半是語學的教林。所課教材，一年級開始有『民話』，高年級就有『小說』，這是從民話慢慢引導學生對小說的欣賞。

而詩，則從比較簡單的童謠開始，一年級雖簡單，但也有翻譯的外國民謠。換句話說，他們小學的課本每課都附有作者姓名，並不是課本隨意杜撰的，而且收入的作品也都是被公認為好的作品，都是大家熟悉的日本名家作品。

日本學生從小學、中學到高中都可以有系統的接觸到現代詩或現代小說，而且接觸的層面很廣泛而不分派別。

高中，他們叫做高等學校，有一門課『日本文學史』，更把從小學到高校所接觸的作品理論化。他們有系統地予以分類，然後歸類出自然主義、象徵主義、普羅文學等等，其他像『新感覺派』、『超現實』等文學用語也會出現，如果你要考大學，這種有系統的課程，我們這邊完全缺乏。

日本高校生的這一部『日本文學史』，一半以上就是屬於現代文學，屬於古典文學部分約占一半。幾乎每個成名的作家，不管什麼派別的都會被收入，甚至他們的照片、成名作品某一段或幾行會被摘錄在這文學史中。關於這點，我們這邊的學校幾乎沒

有，所以差別很大。」

藉由日本文學教育今昔的概況，我們深感自己的不足，而在感慨之餘如能深切反思，為今後的文學教育鏨出一條長達的路途，更是你我殷切盼望的。

現代詩在華語體系的文學發展上不過七十多年，而林亨泰從事實際創作的時間約有半個世紀之久。從銀鈴會的日據時代，到五〇年代的現代派，七〇年代的鄉土文學勃興，林亨泰都以堅實誠懇的筆，實實在在描繪了大環境給予詩人的體悟。

關於現代派的成立，一般的評論者皆給予二極化的評價，而林亨泰則認為它最大的意義，就是一種「方法論」態度建立的宣告。「也就是說從寫什麼？到怎麼寫？是一種實驗精神的闡揚，證明並不是只依傳統就可以寫好詩。」

從怎麼寫到寫什麼，一直是文字工作者兢兢業業面對的課題，也就是說在五〇年化，儘管當時的政治氛圍局限了作品的內容，但在形式上卻是解放的，具有長遠的啟示作用。而林亨泰先生更詳加闡明：

「任何事情都有過與不及，所以有些作品在實驗上會有『過頭』的情形，我不說它是現代派的失敗，因為作為一個運動體而言，擁有狂熱的信徒的運動，應是成功的。可見得現代主義在當時，有其繁衍性：如果說現代主義是一片田地的話，那麼它是相當肥沃的，很多人一掌握它，就可以繁殖很多作品。

本來台灣的文化層面是追隨大陸的，只有這一次反而超越且領先大陸。我們看大陸在朦朧詩出現之後，詩才有較好的品質；也就是說，台灣領先了二、三十年，現在說經濟領先大陸，其實在詩文學方面，我們的成就早在大陸之前。

我看一些鄉土文學論戰以後的詩，有很多仍採用現代派時期開拓的方法和技巧，如果擱置不用，彷彿顯得平淡無味；從表面上來看，當時的鄉土論戰好像很排斥現代主義，但實際上，仍是脫離不了關係的。」

　　暗雲悄悄的圍籠過來，終將整座台北城都陷入夜色中了。總覺得還有很多話語想要進一步請教這位詩文學的大師。

　　一個人有多少十年呢？五十年的詩生活，一步一履都深刻格下時代的經驗與感觸。而詩人林亨泰先生以其紮實的創作和評論，建立了詩人和批評家的地位。

　　他真摯地站在你我共有的這塊土地上，與群眾共同謳歌，共同開創出擲地有聲、音響鏗鏘的詩篇；同時，更以教育工作者的身分，懇切告訴我們：文學教育的重要。相信在不久的將來，我們必會看到，現代詩從文學貴族的位階走下來，走向群眾、走向土地，走向你我共通的情感。

⊙原載《旦兮》雙月刊／1993年2月

作品範例編號03：報導式的主題訪談／對人

* 作業欄：

專題名稱	文圖數量	交稿時間
笠詩刊50年社慶主編專輯之（李魁賢）	字數3000字，圖片請提供6張	2014/3/31 請寄至9925@gmail.com 編輯陳宜小姐收

標題：閱讀視野，無國界
副標：李魁賢專訪

內文：

　　李魁賢接編《笠》的時間不到一年（9-13期，1965.10～1966.6），但對笠詩刊的整體發展而言卻影響深遠。主要是他爲這份看似本土的刊物，引介了相當數量的翻譯作品，注入了無以計數的源頭活水。

　　李魁賢，1937生於台北市。1958年畢業於台北工業專科學校（現台北科技大學），主修化學工程。1964年結業於教育部歐洲語文中心，主修德文。1985年獲美國Marquis Giuseppe Sciencluna國際大學基金會頒授榮譽化工哲學博士學位。

　　曾任職台肥公司（1960-1968），後來從事專利代辦業務（1968-1974）。1975年起自行創業，相繼成立名流企業有限公司、名流出版社及專利事務所。曾任台灣筆會副會長、理事、會長，國家文化藝術基金會董事、董事長等職。

　　詩人自1953年開始發表詩作，曾獲1975年吳濁流新詩獎，1984年笠詩評論獎，1994年榮後台灣詩獎，2004年吳三連獎新詩獎。曾於2001年、2003年、2006年三度被印度國際詩人團體提名爲諾貝爾文學獎候選人。目前出版有《李魁賢詩集》六冊（2001年），《李魁賢文集》十冊（2002年），《李魁賢譯詩集》八冊（2003年），《歐洲經典詩選》（2001-2005年）等著作。

分段標題：進入笠詩社、主編《笠》詩刊之因緣

　　1964年《笠》創刊後旋即加入「笠」詩社，李魁賢見證了《笠》的創始，之後更以實際行動支持。李魁賢提到「1964年九月二十日，台灣大學彭明敏、謝聰敏、魏廷朝三位師生發起「台灣人民自救宣言」。那一年，文學界已著先鞭，小說家吳濁流因前年患了一場大病險些送命後，深覺再不能猶豫，於是毅然提出退休金，創辦《台灣文藝》。他爲了號召「有志於文藝的青年作家」，策劃期間，在台灣省

工業會四樓召集青年作家座談會（3月1日星期天），當天應邀出席的詩人有吳瀛濤、陳千武、趙天儀、薛柏谷、白萩、王憲陽，結果感到若有所失，而興另起爐灶的念頭。」原因是由小說家吳濁流創辦的文學雜誌，願意提供詩作發表的篇幅自然不多，「若有所失」的詩人們為了替自己爭取發言權，於是興起辦刊物的想法，之後一群詩人們群聚卓蘭詹冰家中，據錦連的說法，之後由詹冰、陳千武、林亨泰、錦連、古貝聯名發函邀請創辦《笠》詩社，結果參與發起者共12人；其他7人為吳瀛濤、黃荷生、薛柏谷、趙天儀、白萩、杜國清、王憲陽；三月八日，陳千武、林亨泰、錦連、古貝等人連袂前往卓蘭詹冰家討論創立詩社事宜，眾人贊同林亨泰提議，詩刊定名為「笠」；三月十六日，參加創辦《笠》詩社；六月十五日，《笠詩刊》創刊號出版。

　　笠的創刊確實在一個時代必然的轉捩點上，政治風氣雖仍嚴峻，但依稀透露一絲天光，知識份子們勇於突破禁忌，敢為時代發聲，促成這份刊物興起的實際背景。李魁賢因緣際會在黃荷生的福元印刷廠，巧遇趙天儀專程送《笠》創刊號稿件去排版，他提到：「目睹《笠》的誕生。創刊後，即於八月應邀加入為同仁，同時加入第一批同仁的還有張彥勳、蔡淇津、方平。自己雖然多年來在許多刊物發表作品，但首次在《笠》找到一種家的歸屬感，並盡其在我參與策劃。」

　　李魁賢接編《笠》的期間多半延續之前專欄的呈現，「作品合評」在當時算是勇敢的創舉，其間引來不少爭議。許多被批評的同仁因故退出，都跟此專欄有直間接的關係，但李魁賢以為「只要是出於善意，對詩不對人，都是善意。」但無奈參與討論的人各抒己見，擦槍走火的現象自是難以避免。

分段標題：主編期間，策劃的重要活動

　　李魁賢談到：《笠》創刊時，由林亨泰主編，採取24開本，雖然只有薄薄24頁，卻包含社論、詩人介紹、詩創作、譯詩、評論、詩史

資料，作品合評，包羅廣泛，令人耳目一新。以後因稿源多，專欄增加，篇幅也隨之擴充。但在刊物編輯之餘，李魁賢最為投入的，是詩社相關活動的策劃。李魁賢認為詩要產生影響力，長期自然要藉助文本的閱讀，但如何去傳播文字呢？靠的是活動的推行與宣傳。

「在編《笠》期間內，同仁各自發揮開創性能量。1966年就有三場很特殊活動，首先是利用元旦舉行一場現代詩座談會。由吳瀛濤主持，請到吳濁流、洪炎秋、黃得時、王詩琅、巫永福等，都在會上發言，把《笠》與日治時代活躍的台灣前輩作家聯繫起來。其次是3月12-14日參加日本靜岡縣中央圖書館「早春的詩祭」展，由陳千武主催，送展資料《笠》、《創世紀》、《現代文學》、《葡萄園》、《野火》等詩刊，及各詩社同仁詩集、詩選、手稿，展後由該館收藏，首度展開戰後台日詩交流活動。42年以後，才有國立台灣文學館在日本神奈川近代文學館展出更大規模、期間更長的「台灣文學館的魅力」。」1966年元旦的現代詩座談會，現在來看是一場戰前世代前輩作家相當重要的聚會，而「早春的詩祭」更是戰後台日詩交流的起點，讓《笠》的閱讀視野向國際間擴張，並發揮「笠」的實際影響。

「第三是3月29日在西門町街頭展出的「現代詩展」，由杜國清、龍思良兩人為主力，以《笠》聯合《現代文學》、《幼獅文藝》、《劇場》協辦名義，發揮視覺訴求，獲得特殊相乘效果，其後跨類別的詩畫展愈顯頻繁。參加詩人有十八位，笠同仁佔一半，有吳瀛濤、詹冰、桓夫、趙天儀、林宗源、白萩、黃荷生、杜國清和我，合作設計為龍思良、侯平治、江泰馨、黃添進、黃華成、張照堂、黃永松，都是藝文界翹楚。我參加的詩是〈秋與死之憶〉，由侯平治設計。」

李魁賢回顧此次活動的影響：由於「現代詩展」出現街頭，當天圍繞西門町圓環詩展現場的觀眾絡繹不絕，多年來許多知名詩人拒讀者于千里之外，以致大眾視讀詩為畏途，如今詩人改變策略，將詩展現在讀者面前，大眾感到新奇，報以熱烈回應，也吸引報紙和電視報導。不

料觸動戒嚴體制政府敏感神經，以為文人上街頭準備走向群眾，意有所圖。協助此次詩展的《幼獅文藝》主編朱橋受到很大壓力……。不久後，西門町圓環就被拆除了。

分段標題：譯介作品打開閱讀的新視野

1964年6月《笠》詩刊創刊之後，李魁賢加入負責介紹德國詩，並以里爾克為重心，1967年出版《里爾克詩及書簡》，並利用出國時廣泛收集里爾克詩集及相關書籍，1969年出版翻譯里爾克作品《杜英諾悲歌》、《給奧費斯的十四行詩》、《里爾克傳》。由於出版數本里爾克詩集中譯本，1972年里爾克學會在瑞士成立時，他受邀加入會員。

除里爾克外，還出版《德國詩選》、《德國現代詩選》、《黑人詩選》、《印度現代詩選》、《世界譯詩集》等，譯詩逾三千首。「翻譯外國作品，需要徹底瞭解文字的語意，對語言的應用是種很好的訓練，可以擴大作家的眼界，對文學的創作非常有幫助。」但李魁賢也提醒，多比較外國詩人的作品，不僅要注意表現方法和處理手段的創新，本質上不能忽略詩創作的動機和意識所面對的社會特殊性。

「台灣詩人要走出去與國際詩壇交流，同樣也要邀請外國詩人來台參訪。」在這兩方面李魁賢總是扮演主動串連的角色，他數度率團訪問印度，促進台、印兩國的詩文化交流及詩人互訪。近年來兩度飛越中國與蒙古詩人和文化團體多所接觸，建立深厚交情，並翻譯蒙古詩給國內讀者欣賞。當筆者問到即將到來的台北場的笠五十週年學術研討會（由筆者主辦）能否擔任發言貴賓時他開玩笑的說「會議當天我帶團到古巴訪問，你們要幫我出機票錢，我就回來，呵呵。」

卸下國藝會董事長以及自身專利事務後，李魁賢除忙於自己的寫詩志業外，對外的交流一直是他的關懷所在。說「笠」詩社這個集團性格只侷限在本土的閱聽人請注意，笠的國際交流，早在1960年代即已開始，李魁賢的詩文學志業，就是最好的證明。

⊙原載《文訊》雜誌344期，2014年6月，頁73-75

作品範例編號04：報導式的主題訪談／對人

*作業欄：

專題名稱	文圖數量	交稿時間
笠詩刊50年社慶主編專輯之（莫渝）	字數2500字，圖片請提供6張	2014/3/31 請寄至9925@gmail.com 編輯陳宜小姐收

主標：莫渝與《笠》下的歲月
副標：無

　　莫渝本名林良雅，1948年生，曾任國小教職，退休後曾擔任桂冠圖書公司文學主編五年。近年有詩集《革命軍》、《走入春雨》與《笠詩社演進史》問世，前者代表莫渝對於詩創作一貫的堅持，後者則是對笠詩社的關照與支持。

　　對莫渝而言，過去「詩人」這項冠冕是副業，而今詩人成了他的正職，詩人亦既是莫渝文學志業的所在。除了每週會往返苗栗聯合大學講授文學（台灣文學、世界文學）與藝術課程之外，莫渝生活的場域一直不離台北盆地的範圍，也與詩文學愉快為伍，從不覺疲累。莫渝的生活歷程，一直與詩文學不脫干係，而莫渝從寫詩讀詩以來，最常往來的社群，一直是1964年創刊的笠詩社成員。

　　莫渝說：「常常會這麼想：笠的歷程是我詩文學生活成長的過程。」也因此，莫渝對於「笠」這個團體的情感認同極為強烈，笠詩社的相關活動經常是莫渝日常參與最多的文學經歷。

分段標題：莫渝和笠詩社的互動

　　笠的歷程為何是莫渝生活成長的過程呢？莫渝實際加入笠詩社的時間在1983年，但早在1965年七月，受到當時笠主編趙天儀的邀請，即開始進行投稿的活動，可能是因為不再有升學壓力，對學校功課不很在意，常常看文學相關書籍，又認識了幾位文藝朋友，如余成楠、陳恆嘉等，跟文學的關係更加密切。

　　與笠成員接觸的開端，根據莫渝回覆莊紫蓉的報導時提及：當時，學校有一個社團刊物《蘭心詩刊》，我在第二期介紹鄭愁予的詩，第三期介紹桓夫、趙天儀等以雨為主題的作品。也就是說自1965年末和1966年初，莫渝已經和趙天儀及其他笠詩人有所接觸，更進一步於台中后里的文學活動中結識張彥勳（1966年一月三十日），莫渝也曾參與陳千武老師《詩展望》油印版的寫作，作品也在《笠》十三及十九期中刊載，所以莫渝與笠詩刊的關係，一直是讀者、作者（譯者）、詩友的多重角色。莫渝於是與當時《笠》的主編趙天儀往來日益頻繁，並開始參與笠所舉辦的相關活動，莫渝談及當時在校園的活動，他說：「《笠》詩刊創刊於1964年6月。1965年秋冬，我在台中師專五專部的專三上學期，我開始接觸《笠》詩刊及其部份成員，亦在校園透過合作社及同學間的人際推銷《笠》詩刊；我的詩作〈夜之外〉，以佚名發表於《笠》詩刊第13期（1966.06.15.）、〈晨之死〉以白沙堤筆名發表於《笠》詩刊第19期（1967.06.15.）。我其實在1970年代初成為「後浪詩社」同仁（發行有《詩人季刊》），但一直是《笠》詩刊的詩友、讀者兼作者；1970年代後期，離開「後浪詩社」消息一出，鄭烱明聞訊，立即推薦我加入「笠」詩社，但我並未十分積極，印象中並未繳交《笠》的同仁年費，與「後浪詩社」的同仁情感猶在，雖少有活動，但日常生活上還是相互鼓勵創作與意見交換。

　　莫渝在《笠》開始活動的轉折點，是1975年到板橋之後的事了。後浪詩社的《詩人季刊》出刊遭遇困難，同仁慢慢離心分散，詩的活動

減少，「我離開不久鄭烱明介紹我「正式」進入「笠」；在這之前，我已經在《笠》發表過不少文章，特別是法國詩的介紹，所以趙天儀或是李魁賢說過，這個階段由於我介入法國詩的翻譯，使得《笠》的譯介方面更豐富，因為早期《笠》的外國詩譯介，偏重在日、美、英等國的詩，法國詩作幾乎沒有，很高興由我來進行補充，令《笠》的視野不侷限在本土。」

分段標題：主編《笠》的專題策劃

　　莫渝自認為在加入笠詩社之前，即有一項掛在心中未完成的作業，在1970年代後期，莫渝開始有系統的詩人訪問加評論的計畫，可惜因為後繼乏力，未能成就一本專書的規模。直到1983加入笠為同仁，才陸陸續續利用公餘課後撰寫《笠下的一群》，此書1999年6月交由葉紅主持的河童出版社出版，其前言〈笠下的一群〉論文則為因應《笠》詩刊臨時受託所撰寫。

　　莫渝自1983年正式為「笠」同仁迄今。約1990年代及新世紀2000年至2005年間，亦多次擔任《笠》社務委員。2005年8月，江自得擔任新社長，約請莫渝擔任《笠》詩刊主編。編務作業直到2012年9月辭職為止。共負責《笠》詩刊主編約七年43期，從《笠》249期（2005年10月15日）至291期（2012年10月15日）。

　　對於編務單元的選題，莫渝提及：「《笠》詩刊為雙月刊，每年出刊6期。六月號是《笠》創刊紀念期，每年六月號，莫渝規劃為笠詩人的整體活動；笠有五、六十位同仁，要全部到位，實有困難（有些停筆，有些疏忽），僅能求取多數，這樣的專輯有：「笠詩人手跡」、「笠詩人讀詩冊」、「詩人的迷戀」、「笠詩人影像與詩」、「笠詩人母語詩」等。六月號之後的八月號，莫渝期待詩人的散文書寫，希望詩人同時提供與專輯有關的詩與文各一篇，同時亦約請社外詩友參加，先後出刊「詩人色彩學」、「詩人愛情社會學」、「詩人地誌圖像學」

等。《笠》詩刊一直有篇幅介紹外國詩，莫渝認為：我比較希望集中於某一期，且量多，因而也出現「俄羅斯20世紀詩選專輯」、「西班牙語20世紀詩選專輯」、「蒙古當代詩選」等，這樣的規劃與實踐，主要期待當事人能擴充篇幅，印製成書（單行本出版物），流通書市，以利閱讀。」莫渝對於編務有其系統性的企劃，現將其外譯詩作專輯以圖表整理如下，更可看出莫渝經營之用心及其匠心獨運之處：

期別	出刊日期	專題名稱
254	2006.08.15.	俄羅斯20世紀詩選專輯
255	2006.10.15.	西班牙語20世紀詩選專輯
257	2006.02.15.	「蒙古當代詩選」專輯
263	2008.02.15.	越南「風笛詩社」笛人專輯
275	2010.02.15.	拉丁美洲當代詩選譯專輯 笠詩人作品英譯選專輯

分段標題：海納百川，有容乃大

　　《笠》在草創時期由於經費所限，篇幅多有限制，幾十年刊物的成長延續下，同仁也日益並刊物提供更多財力的援助，使得《笠》這份刊物的主編可以不受拘束，揮灑自如，有時超過300頁，目的是使專題更見完整，這是莫渝談及編刊物時的自由，而在專輯製作同時，多能依進度完成，在同仁稿件之外，「笠壇三溫暖」亦多獲外稿援助盛多，詩人如麥穗、朵思等都大力幫忙撰寫。偶而會有些擦槍走火的小意外，例如一篇〈自以為是〉（【編後記】，載《笠》詩刊290期2012.08.15.），人人搶著對號入座，一篇李長青的開卷語，也引來各自不同調的意識解讀……但這些其實都不影響莫渝對《笠》這詩社本土屬性情感的認同。

　　莫渝說：「從《笠下的一群》到《笠詩社演進史》，莫渝沒有階段任務，應該也沒有歇息的時間表。」可以知道莫渝為何說明自己的生活

一直與笠緊密結合，他沒有階段性的任務，莫渝有的是一雙肯認母土關切現實的眼睛，正為我們找尋適合的字句，誠懇而真情地為你我譜寫台灣的人情與風物。

⊙原載《文訊》雜誌344期，2014年6月，頁97-99。

作品範例編號05：報導式的主題訪談／對事

開頭提及「報導式的主題訪談」其間的主題對人之外，也針對活動或新聞事件的報導，以下範例為府城台灣詩歌節之「隨行側記」，不同於「題綱問答式」文末的BOX，這裡的側記或側寫，則是正文不是附註。

*作業欄：

專題名稱	文圖數量	交稿時間
府城台灣詩歌節隨行側記	字數4800字，圖片請提供6張	2010/6/31 請寄至****5@gmail.com 責編王大樹先生收

主標：榴紅詩歌滿行囊
副標：2010府城台灣詩歌節隨行側記

分段標題：微雨中，向府城出發

六月的雨不停地拍打在遊覽車頂上，南下最後一名報到的乘客我，終於趕上這一班前往府城台南的專車。自北平東路文建會門口，這輛滿載騷人墨客的車輛緩緩駛出。

這部遊覽車在台北車站附近轉向承德路，往高速公路漸漸移動，國家文學館公關組張信吉組長，也就是大家熟悉的詩人吉也，站在前方為大家說明此行的緣由與目的，這次行程是由楊順明企畫統籌，恰恰筆名羊子喬的他又是一名詩人，館長李瑞騰先生，年輕時也寫過詩，並加入

詩脈季刊社，還出過一本《牧子詩抄》呢……藉由吉也的介紹，詩也許個別獨立時十分孤寂，但透過緣分的聚合，到處都有迴響呢，看來在文學創作的領域中，詩確實有其不可撼動的影響力，愛好文學藝術的文青們，看來都曾被詩所擄獲。

特別值得一提的，是國家台灣文學館在今年出齊了六十六本的「台灣詩人選集」，儘管名單小有雜音，但不減這套書亮麗的光澤，遊覽車上的詩人們，五成以上是選集中入選的詩人。

窗外的雨越下越綿密了，時而急雨拍打在窗玻璃上。由於我是最後一位上車的，在我上車前人員均已坐定，從詩人們的位置來看，巧合的是笠詩人如李魁賢、趙天儀、莫渝、張芳慈等人均坐在前半部，創世紀詩人如管管、張默、張堃、朵思等人均坐在車輛後半部，形成有趣的南北對壘。其他如耕莘寫作會詩人羅任玲、夏婉雲，學者詩人顧蕙倩，宜蘭林煥彰老師、詩人畫家德亮、明日工作室李進文等人均坐在中段。只聞兩端在車輛疾駛中言語仍慷慨交談著，也開始著這趟想必豐富詩歌的旅程，突然想到此刻正在閉目養神的吳德亮，也許在他腦中盤桓的，正是他的〈夜行高速公路〉罷：

凡清醒的
都已冰冷，方向盤上
我們用勉強握出的汗水
溫熱掌心
當然也有忽大
忽小的露滴來訪，匆匆
來了就走
隔著擋風玻璃
仍能感覺奔波的倦意

車過台中，陽光於是露臉，並伸展出它溫暖的雙臂。此時詩人德亮轉醒，開始抓住辛牧談及七〇年代龍族詩社相關軼事，由於近期大量以茶養神中氣十足，吸引創世紀詩人加入討論行列，三句不離茶的說茶達人德亮先致贈每人一粒彈丸大小的普洱茶，隨即轉入他的茶經與茶話。

午後，我們終抵府城，在一家餐館祭完五臟廟後，林煥彰發現所搭乘南下的車行曰：龍族客運，便趕緊喚來德亮、辛牧等「龍族詩人」在「龍族客運」之前拍照留影，留下美好的記憶。

分段標題：詩與畫的境界 —— 奇美博物館

在雨中眾多詩人朋友們快速地推進到奇美博物館內，眾人拭去身上的雨珠後，先在大廳中聽候現場人員的指示觀看影片，是關於一些入館的規矩……記得《圖書館獅子》一書中也提醒小朋友在館內務必遵守不喧嘩，不跑步，等等的守則，在這裡一樣也沒少，畢竟這是國民基本的守則與義務罷，特別是奇美企業許文龍先生這麼費心收集了這麼多的名畫與珍藏，還讓民眾可以免費玩賞，已經是莫大的功德一件了。

這裡的場館其實並不開闊，還得分批依照動線行進才不致擠成一團。但麻雀雖小卻五臟俱全，豐富的館藏不輸頂級博物館，印象中三美神最吸引我的目光，「三美神之舞」作者尚·卡波（法國，1827～1875）是法國著名藝術工作者，專長為雕塑及油彩，聽說他曾受業於巴黎的美術學院，成為技巧優異的學院派，並曾在1854年獲羅馬大獎，但不喜歡喜歡學院的填鴨教育，專而關注於米開朗基羅的作品，藉由身體的律動，內在的節奏感，卡波在19世紀晚期完成了相當扣人心弦的三美神，也成為卡波可傳世的代表作。也有人指出其裸身的藝術呈現，之所以能不沾染情色的偏狹眼光，是受到拉斐爾畫風影響，有著「和諧、圓融、愉快、優美、溫和」的調子。

詩畫同源皆由形象始、思維終，透過奇美博物館的典藏作品的光影線條的色彩錯綜下，並藉由解說員詳盡的說明，一幅幅活靈神現的躍動

眼前，「奇」特又「美」好的博物館之旅，想必是大伙共同的收穫與想法。

分段標題：明王廟 —— 延平郡王祠巡禮

進入明王廟，會有一種誤入日本神社的錯覺，解說人員說明因為鄭成功與日本有血緣關係，於是早期建築在懷柔的政策下，充滿著日式的風格，日式建物常見的鳥居，鳥居牌扁上刻著『忠肝義膽』，彷彿表彰了鄭氏一生的忠勇與義行。

草坪上的石燈籠，如今獨自向著黃昏，一些未了的心願怕是將要永留遺憾了。日據時代一度祠名改成改成「開山神社」，光復之後易名為現名曰延平郡王祠。在明王廟，這個曾經反清復明心願未了的一代良將，在此與諸部屬常駐與安眠，園中有奇樹，伴隨著靜默的歲月，無情的時間。

解說員說在一九六零年代此地曾大興土木，將台灣少見的福州式廟宇建築，重建為中國北方宮殿式，以示對鄭成功功業的尊崇。

這一隊詩人進駐明王廟後，多數人跟隨節說員的步調緩慢前進，臨時脫隊的詩人們，大家竟爭先恐後的去水井打水，重溫農業時代生活的樣貌。嚴忠政與李長青，甚至研究起貞子該如何從古井中爬上來，惹來大家比手劃腳的想像與竊笑。

祠中保存為數眾多的楹聯，其中最為稀有的為沈葆楨的題字，當然是十足珍貴的文化遺產。

分段標題：吳園遊蹤

來到這裡，彷彿置身另一個林家花園。但在花園的前面，則是日治初期興建的台南公會堂，據說台南地方因為缺乏集會喜慶宴客教為氣派的場所，每每商洽當時的望族吳家，吳氏族人受迫於日方的政治壓力，不得已變賣吳園土地一甲（三千多坪）給予該社團法人興建「台南公會

館」。文獻上指出，該館在1911年2月初落成啓用，成爲台灣最早創建的且具備集會功能之歐洲建築語彙的現代建築物。

吳園腹地雖大，綠意盎然且庭園雅緻，階梯式的露天舞台，呈半月型，可提供爲戶外的展演空間，但背後巨大的現代化建築像一隻巨掌，詩人李昌憲搖搖頭，說背後那些灰色的建築物，入鏡眞是有礙吳園的美感。隨後又緊緊抓住莫渝在湖畔的長條椅上休憩的樣貌，夏婉雲老師端坐石階上的影像，後來跑過來用相機鏡頭對著我按了幾下快門，鄒著眉頭忍不住說：陳謙，你的眼睛能不能睜大點——

我略，就算我寫過「玫瑰瞳鈴眼」也並不代表我的小眼睛會變大好嗎……忙於捕捉詩人身影的昌憲老師，成了寧靜吳園中忙碌的穿花蝴蝶。

嚴格來說，對板橋林家花園有印象的民眾，會認爲林家花園比起中國蘇州園林小一號，但吳園山水卻又比板橋林家更小一號，也就是說是迷你型的亭台樓閣拉，創建至今百餘年的吳園，就這樣蹲坐在市區的一隅，想來亦覺時間的無情，也對照出人間的滄海桑田。

分段標題：藝文夜談

抵達康橋飯店用餐並稍事休憩後，我們上到飯店八樓預備以茶酒佐詩、揮毫且唱遊。詩人顏艾琳擔任主持，這位「用密碼說話的丫頭」（白靈語）近來成了全方位的藝人作家，成了華品文創的當家台柱，不但幫電子書代言，四處演講，還演出舞台劇，雖有小小抱怨，說：台文館詩集只出到許悔之……（筆者注，是阿，都只出到許悔之），呵呵，文章千古事，還是多創造一些經典詩文要緊，是罷。

夜談當然由東道主李瑞騰館長先感性陳述此行情感凝聚的意義，他最希望這項活動可以成爲常態，以詩歌帶動南台灣文學風氣。大家都知道李館長因爲是國民黨執政後官派的機關首長，南部一些較爲本土的獨派文學運動者自然較有異見，但文學本是意識型態的延伸，最重要的是

要尊重且包容彼此的歧異找出互信的基礎，要見彼所長說來容易，往往有些人卻不易做到，說來實在可惜，但一個好的文學工作者，自然要有此雅量與氣度。

夜談的第一個節目，張德本先生在眾人的推辭下一馬當先，以〈在更衣室〉開啟序幕，雖說我尚在鹽分地帶文藝營當學生時就聽過這首詩，但回味是甜蜜的蜜，從他專注專情的朗誦中，不難窺見南國詩人的熱情與激情；岩上老師除了精研紫微斗數之外，現場也邀體重達九十公斤的我，現場來一段氣功，只見我三兩下便被撲倒在地，大家直呼：好犀利；管管的小調，黃勁連的唐詩吟唱，向明的「虞美人」，尹玲的越南歌謠，鍾順文老師激情地在地上翻滾且吟唱著愛妻的詩……真是一個豐富的夜晚阿。在嚴忠政的塔羅遊戲中結束詩人們歡愉的交流，台灣文學館為大家準備了萱紙與毛筆，商請大家當場揮毫，留下來到府城的歷史見證，小樣畫了一張符，管管題了一首詩……每個詩人都寫下自己絕對真心的性情告白，我則心裡暗自反省：早知道，要練好毛筆，呵呵。

分段標題：榴紅詩會歌詩傳情

詩會以花蓮阿美族的阿道‧巴辣夫以演詩開場，河流的源頭似有精靈作怪，以身體語言敘述河流與人的故事，充滿原住民與土地共生共容的思考。黃騰輝、向明、趙天儀、渡也、陳鴻森的朗誦後，簡上仁演唱向陽〈搬布袋戲的姊夫〉更令人為之動容。詩歌從平面的文字進步到朗誦以及肢體的表達，詩從躺著到站起來，詩從個人走向群眾，中間其實有著不為人知艱辛的過程。此次南部詩人也從昨夜開始與北部南下的詩人匯流，包括台語詩人方耀乾、陳金順、棕色果、林梵、陳崑崙等人，他們也都上台歌吟了自己的代表作，每一首代表作，也都不忘簡單陳述它們背後的故事，令與會者感受深刻。會場在吳晟的公子吳志寧上場演唱吳晟詩歌時達到高潮，安可聲音不絕於耳。

這場在國立台灣文學館演講廳展開的「榴紅詩會在府城」詩會，由

應邀出席的詩人，進行華語詩、客語詩、台語詩、原住民語詩歌吟唱，讓眾多族群具現多元的庶民特色，是一項意義非凡的詩歌節慶。

分段標題：大學青春詩展

文學代有才人出，猶記1993年文訊製作新世代專輯時我的名字曾臚列其間，如今將近二十年過去，我也進入後青春的前中年期，往日經常參與的文學獎，今日也大都升格為評審。青春確實是詩人的本錢，曾經吶喊的年歲，對我而言多半只剩下斑駁或美好的記憶，但對二十出頭，滿是詩情畫意的文藝青年來說，正是一把等待點醒的火把與投槍。在文學館海報上有這麼一段話：

國立台灣文學館為推廣新詩創作與閱讀深入校園、普及大眾、於年輕齡層紮根，拓增詩的閱讀人口，培養社會讀詩生活，為青春學子提供一個舞台，由國內多達15所大學學生，聯合展出年輕一代創作者共同用青春揮灑的新詩。藉著大學青春詩展的推動，鼓勵年輕世代創作與閱讀，不只讓現代詩於生活中重新受到關注，更使現代詩的創作風氣活躍。

這個系列講座邀來眾多詩人學者座談，包括李瑞騰、白靈、林德俊、郭哲佑、謝予騰、廖亮羽，講題為「新世代‧新詩風」以及陳義芝、嚴忠政、鄭順聰、張日郡、崔舜華、謝三進等人講述「新媒體‧新詩群」，雖分二週進行議題的陳述，但一致的焦點都集中在「新」詩群的崛起現象之討論。

台文館一向是臺灣文學作家朝聖的地方，除了經常性的常設展外，也有配合此次「篇篇起舞」的大學青春詩展而興辦的開幕典禮、記者會及相關展覽，許多知名作家的處女詩集也在展出之列，搜羅文本十分豐富。

名詩人張默在開幕典禮記者會中致詞，他認為新一代的詩創作不但要取是捨非學習他們那一輩的作家風格，更要勇於突破目前的語言規範與格式，開創出自己的聲音，才能顯現自己的存在。這次的主辦單位除國立台灣文學館外，另有風球詩社，在廖亮羽的積極策劃下，得以有此成果更令人覺得欣慰，參與學校有成功大學詩議會、嘉義大學中國文學系、高雄師範大學風燈詩社、高雄醫學大學阿米巴詩社、中山大學現代詩社、東華大學數位文化中心、東吳大學中國文學系、台灣大學中國文學系、淡江大學中國文學系、銘傳大學應用中國文學系、政治大學中國文學系、台灣師範大學國文系、世新大學中國文學系、新竹教育大學中國語文學系、台南女中青年社等十五個單位，成果可謂輝煌。

分段標題：期待再相會

兩天一夜的活動儘管倉促，卻留下許多美好的刻痕。從古都的文化巡禮，地方小吃的宴饗，夜談的情感匯流，詩會的演出與聆賞，還是台文館展品的感動與思索，在在都為此次活動增添色彩，尤其是臺灣文學館館長李瑞騰帶領全體工作人員的辛勞奉獻，更令與會人員銘感五內。

誠摯盼望府城臺灣詩歌節可以成為常態性的節慶，並進一步擴大到每一位愛詩的讀者都有強烈參與的意願。

節慶看似結束了，但我們心中對詩歌的熱情，卻永遠不輸這次參與青春詩展的青年男女，不管是那一個世代的詩人，都會記得青春時燃起的火種，繼續的行吟下去，帶著滿滿詩的行囊。

⊙原載《台灣文學館通訊》第28期，2010年9月。

附錄二

臺灣現行著作權法（2019年版）

修正日期：民國108年05月01日

法規類別：智慧財產權目

第一章　總則

第1條

為保障著作人著作權益，調和社會公共利益，促進國家文化發展，特制定本法。本法未規定者，適用其他法律之規定。

第2條

本法主管機關為經濟部。

著作權業務，由經濟部指定專責機關辦理。

第3條

本法用詞，定義如下：

一、著作：指屬於文學、科學、藝術或其他學術範圍之創作。

二、著作人：指創作著作之人。

三、著作權：指因著作完成所生之著作人格權及著作財產權。

四、公眾：指不特定人或特定之多數人。但家庭及其正常社交之多數人，不在此限。

五、重製：指以印刷、複印、錄音、錄影、攝影、筆錄或其他方法直接、間接、永久或暫時之重複製作。於劇本、音樂著作或其他類似著作演出或播送時予以錄音或錄影；或依建築設計圖或建築模型建造建築物者，亦屬之。

六、公開口述：指以言詞或其他方法向公眾傳達著作內容。

七、公開播送：指基於公眾直接收聽或收視為目的，以有線電、無線電或其他器材之廣播系統傳送訊息之方法，藉聲音或影像，向公眾傳達著作內容。由原播送人以外之人，以有線電、無線電或其他器材之廣播系統傳送訊息之方法，將原播送之聲音或影像向公眾傳達者，亦屬之。

八、公開上映：指以單一或多數視聽機或其他傳送影像之方法於同一時間向現場或現場以外一定場所之公眾傳達著作內容。

九、公開演出：指以演技、舞蹈、歌唱、彈奏樂器或其他方法向現場之公眾傳達著作內容。以擴音器或其他器材，將原播送之聲音或影像向公眾傳達者，亦屬之。

十、公開傳輸：指以有線電、無線電之網路或其他通訊方法，藉聲音或影像向公眾提供或傳達著作內容，包括使公眾得於其各自選定之時間或地點，以上述方法接收著作內容。

十一、改作：指以翻譯、編曲、改寫、拍攝影片或其他方法就原著作另為創作。

十二、散布：指不問有償或無償，將著作之原件或重製物提供公眾交易或流通。

十三、公開展示：指向公眾展示著作內容。

十四、發行：指權利人散布能滿足公眾合理需要之重製物。

十五、公開發表：指權利人以發行、播送、上映、口述、演出、展示或其他方法向公眾公開提示著作內容。

十六、原件：指著作首次附著之物。

十七、權利管理電子資訊：指於著作原件或其重製物，或於著作向公眾傳達

時，所表示足以確認著作、著作名稱、著作人、著作財產權人或其授權之人及利用期間或條件之相關電子資訊；以數字、符號表示此類資訊者，亦屬之。

十八、防盜拷措施：指著作權人所採取有效禁止或限制他人擅自進入或利用著作之設備、器材、零件、技術或其他科技方法。

十九、網路服務提供者，指提供下列服務者：

㈠ 連線服務提供者：透過所控制或營運之系統或網路，以有線或無線方式，提供資訊傳輸、發送、接收，或於前開過程中之中介及短暫儲存之服務者。

㈡ 快速存取服務提供者：應使用者之要求傳輸資訊後，透過所控制或營運之系統或網路，將該資訊為中介及暫時儲存，以供其後要求傳輸該資訊之使用者加速進入該資訊之服務者。

㈢ 資訊儲存服務提供者：透過所控制或營運之系統或網路，應使用者之要求提供資訊儲存之服務者。

㈣ 搜尋服務提供者：提供使用者有關網路資訊之索引、參考或連結之搜尋或連結之服務者。

前項第八款所定現場或現場以外一定場所，包含電影院、俱樂部、錄影帶或碟影片播映場所、旅館房間、供公眾使用之交通工具或其他供不特定人進出之場所。

第4條

外國人之著作合於下列情形之一者，得依本法享有著作權。但條約或協定另有約定，經立法院議決通過者，從其約定：

一、於中華民國管轄區域內首次發行，或於中華民國管轄區域外首次發行後三十日內在中華民國管轄區域內發行者。但以該外國人之本國，對中華民國人之著作，在相同之情形下，亦予保護且經查證屬實者為限。

二、依條約、協定或其本國法令、慣例，中華民國人之著作得在該國享有著

作權者。

第二章　著作

第5條

本法所稱著作，例示如下：

一、語文著作。

二、音樂著作。

三、戲劇、舞蹈著作。

四、美術著作。

五、攝影著作。

六、圖形著作。

七、視聽著作。

八、錄音著作。

九、建築著作。

十、電腦程式著作。

前項各款著作例示內容，由主管機關訂定之。

第6條

就原著作改作之創作為衍生著作，以獨立之著作保護之。

衍生著作之保護，對原著作之著作權不生影響。

第7條

就資料之選擇及編排具有創作性者為編輯著作，以獨立之著作保護之。

編輯著作之保護，對其所收編著作之著作權不生影響。

第7-1條

表演人對既有著作或民俗創作之表演，以獨立之著作保護之。

表演之保護，對原著作之著作權不生影響。

第8條

二人以上共同完成之著作，其各人之創作，不能分離利用者，爲共同著作。

第9條

下列各款不得爲著作權之標的：

一、憲法、法律、命令或公文。

二、中央或地方機關就前款著作作成之翻譯物或編輯物。

三、標語及通用之符號、名詞、公式、數表、表格、簿冊或時曆。

四、單純爲傳達事實之新聞報導所作成之語文著作。

五、依法令舉行之各類考試試題及其備用試題。

前項第一款所稱公文，包括公務員於職務上草擬之文告、講稿、新聞稿及其他文書。

第三章　著作人及著作權

第一節　通則

第10條

著作人於著作完成時享有著作權。但本法另有規定者，從其規定。

第10-1條

依本法取得之著作權，其保護僅及於該著作之表達，而不及於其所表達之思想、程序、製程、系統、操作方法、概念、原理、發現。

第二節　著作人

第11條

受雇人於職務上完成之著作，以該受雇人爲著作人。但契約約定以雇用人爲著作人者，從其約定。

依前項規定，以受雇人爲著作人者，其著作財產權歸雇用人享有。但契約約定其著作財產權歸受雇人享有者，從其約定。

前二項所稱受雇人，包括公務員。

第12條

出資聘請他人完成之著作，除前條情形外，以該受聘人為著作人。但契約約定以出資人為著作人者，從其約定。

依前項規定，以受聘人為著作人者，其著作財產權依契約約定歸受聘人或出資人享有。未約定著作財產權之歸屬者，其著作財產權歸受聘人享有。

依前項規定著作財產權歸受聘人享有者，出資人得利用該著作。

第13條

在著作之原件或其已發行之重製物上，或將著作公開發表時，以通常之方法表示著作人之本名或眾所周知之別名者，推定為該著作之著作人。

前項規定，於著作發行日期、地點及著作財產權人之推定，準用之。

第14條

（刪除）

第三節　著作人格權

第15條

著作人就其著作享有公開發表之權利。但公務員，依第十一條及第十二條規定為著作人，而著作財產權歸該公務員隸屬之法人享有者，不適用之。

有下列情形之一者，推定著作人同意公開發表其著作：

一、著作人將其尚未公開發表著作之著作財產權讓與他人或授權他人利用時，因著作財產權之行使或利用而公開發表者。

二、著作人將其尚未公開發表之美術著作或攝影著作之著作原件或其重製物讓與他人，受讓人以其著作原件或其重製物公開展示者。

三、依學位授予法撰寫之碩士、博士論文，著作人已取得學位者。

依第十一條第二項及第十二條第二項規定，由雇用人或出資人自始取得尚未公開發表著作之著作財產權者，因其著作財產權之讓與、行使或利用而公開

發表者，視爲著作人同意公開發表其著作。

前項規定，於第十二條第三項準用之。

第16條

著作人於著作之原件或其重製物上或於著作公開發表時，有表示其本名、別名或不具名之權利。著作人就其著作所生之衍生著作，亦有相同之權利。

前條第一項但書規定，於前項準用之。

利用著作之人，得使用自己之封面設計，並加冠設計人或主編之姓名或名稱。但著作人有特別表示或違反社會使用慣例者，不在此限。

依著作利用之目的及方法，於著作人之利益無損害之虞，且不違反社會使用慣例者，得省略著作人之姓名或名稱。

第17條

著作人享有禁止他人以歪曲、割裂、竄改或其他方法改變其著作之內容、形式或名目致損害其名譽之權利。

第18條

著作人死亡或消滅者，關於其著作人格權之保護，視同生存或存續，任何人不得侵害。但依利用行爲之性質及程度、社會之變動或其他情事可認爲不違反該著作人之意思者，不構成侵害。

第19條

共同著作之著作人格權，非經著作人全體同意，不得行使之。各著作人無正當理由者，不得拒絕同意。

共同著作之著作人，得於著作人中選定代表人行使著作人格權。

對於前項代表人之代表權所加限制，不得對抗善意第三人。

第20條

未公開發表之著作原件及其著作財產權，除作爲買賣之標的或經本人允諾者外，不得作爲強制執行之標的。

第21條

著作人格權專屬於著作人本身，不得讓與或繼承。

第四節　著作財產權

第一款　著作財產權之種類

第22條

著作人除本法另有規定外，專有重製其著作之權利。

表演人專有以錄音、錄影或攝影重製其表演之權利。

前二項規定，於專為網路合法中繼性傳輸，或合法使用著作，屬技術操作過程中必要之過渡性、附帶性而不具獨立經濟意義之暫時性重製，不適用之。但電腦程式著作，不在此限。

前項網路合法中繼性傳輸之暫時性重製情形，包括網路瀏覽、快速存取或其他為達成傳輸功能之電腦或機械本身技術上所不可避免之現象。

第23條

著作人專有公開口述其語文著作之權利。

第24條

著作人除本法另有規定外，專有公開播送其著作之權利。

表演人就其經重製或公開播送後之表演，再公開播送者，不適用前項規定。

第25條

著作人專有公開上映其視聽著作之權利。

第26條

著作人除本法另有規定外，專有公開演出其語文、音樂或戲劇、舞蹈著作之權利。

表演人專有以擴音器或其他器材公開演出其表演之權利。但將表演重製後或公開播送後再以擴音器或其他器材公開演出者，不在此限。

錄音著作經公開演出者，著作人得請求公開演出之人支付使用報酬。

第26-1條

著作人除本法另有規定外,專有公開傳輸其著作之權利。

表演人就其經重製於錄音著作之表演,專有公開傳輸之權利。

第27條

著作人專有公開展示其未發行之美術著作或攝影著作之權利。

第28條

著作人專有將其著作改作成衍生著作或編輯成編輯著作之權利。但表演不適用之。

第28-1條

著作人除本法另有規定外,專有以移轉所有權之方式,散布其著作之權利。

表演人就其經重製於錄音著作之表演,專有以移轉所有權之方式散布之權利。

第29條

著作人除本法另有規定外,專有出租其著作之權利。

表演人就其經重製於錄音著作之表演,專有出租之權利。

第29-1條

依第十一條第二項或第十二條第二項規定取得著作財產權之雇用人或出資人,專有第二十二條至第二十九條規定之權利。

第二款 著作財產權之存續期間

第30條

著作財產權,除本法另有規定外,存續於著作人之生存期間及其死亡後五十年。

著作於著作人死亡後四十年至五十年間首次公開發表者,著作財產權之期間,自公開發表時起存續十年。

第31條

共同著作之著作財產權，存續至最後死亡之著作人死亡後五十年。

第32條

別名著作或不具名著作之著作財產權，存續至著作公開發表後五十年。但可證明其著作人死亡已逾五十年者，其著作財產權消滅。

前項規定，於著作人之別名爲眾所周知者，不適用之。

第33條

法人爲著作人之著作，其著作財產權存續至其著作公開發表後五十年。但著作在創作完成時起算五十年內未公開發表者，其著作財產權存續至創作完成時起五十年。

第34條

攝影、視聽、錄音及表演之著作財產權存續至著作公開發表後五十年。

前條但書規定，於前項準用之。

第35條

第三十條至第三十四條所定存續期間，以該期間屆滿當年之末日爲期間之終止。

繼續或逐次公開發表之著作，依公開發表日計算著作財產權存續期間時，如各次公開發表能獨立成一著作者，著作財產權存續期間自各別公開發表日起算。如各次公開發表不能獨立成一著作者，以能獨立成一著作時之公開發表日起算。

前項情形，如繼續部分未於前次公開發表日後三年內公開發表者，其著作財產權存續期間自前次公開發表日起算。

第三款　著作財產權之讓與、行使及消滅

第36條

著作財產權得全部或部分讓與他人或與他人共有。

著作財產權之受讓人，在其受讓範圍內，取得著作財產權。

著作財產權讓與之範圍依當事人之約定；其約定不明之部分，推定為未讓與。

第37條

著作財產權人得授權他人利用著作，其授權利用之地域、時間、內容、利用方法或其他事項，依當事人之約定；其約定不明之部分，推定為未授權。

前項授權不因著作財產權人嗣後將其著作財產權讓與或再為授權而受影響。

非專屬授權之被授權人非經著作財產權人同意，不得將其被授與之權利再授權第三人利用。

專屬授權之被授權人在被授權範圍內，得以著作財產權人之地位行使權利，並得以自己名義為訴訟上之行為。著作財產權人在專屬授權範圍內，不得行使權利。

第二項至前項規定，於中華民國九十年十一月十二日本法修正施行前所為之授權，不適用之。

有下列情形之一者，不適用第七章規定。但屬於著作權集體管理團體管理之著作，不在此限：

一、音樂著作經授權重製於電腦伴唱機者，利用人利用該電腦伴唱機公開演出該著作。

二、將原播送之著作再公開播送。

三、以擴音器或其他器材，將原播送之聲音或影像向公眾傳達。

四、著作經授權重製於廣告後，由廣告播送人就該廣告為公開播送或同步公開傳輸，向公眾傳達。

第38條

（刪除）

第39條

以著作財產權為質權之標的物者，除設定時另有約定外，著作財產權人得行

使其著作財產權。

第40條

共同著作各著作人之應有部分，依共同著作人間之約定定之；無約定者，依各著作人參與創作之程度定之。各著作人參與創作之程度不明時，推定為均等。

共同著作之著作人拋棄其應有部分者，其應有部分由其他共同著作人依其應有部分之比例分享之。

前項規定，於共同著作之著作人死亡無繼承人或消滅後無承受人者，準用之。

第40-1條

共有之著作財產權，非經著作財產權人全體同意，不得行使之；各著作財產權人非經其他共有著作財產權人之同意，不得以其應有部分讓與他人或為他人設定質權。各著作財產權人，無正當理由者，不得拒絕同意。

共有著作財產權人，得於著作財產權人中選定代表人行使著作財產權。對於代表人之代表權所加限制，不得對抗善意第三人。

前條第二項及第三項規定，於共有著作財產權準用之。

第41條

著作財產權人投稿於新聞紙、雜誌或授權公開播送著作者，除另有約定外，推定僅授與刊載或公開播送一次之權利，對著作財產權人之其他權利不生影響。

第42條

著作財產權因存續期間屆滿而消滅。於存續期間內，有下列情形之一者，亦同：

一、著作財產權人死亡，其著作財產權依法應歸屬國庫者。

二、著作財產權人為法人，於其消滅後，其著作財產權依法應歸屬於地方自

治團體者。

第43條

著作財產權消滅之著作，除本法另有規定外，任何人均得自由利用。

第四款　著作財產權之限制

第44條

中央或地方機關，因立法或行政目的所需，認有必要將他人著作列為內部參
考資料時，在合理範圍內，得重製他人之著作。但依該著作之種類、用途及
其重製物之數量、方法，有害於著作財產權人之利益者，不在此限。

第45條

專為司法程序使用之必要，在合理範圍內，得重製他人之著作。

前條但書規定，於前項情形準用之。

第46條

依法設立之各級學校及其擔任教學之人，為學校授課需要，在合理範圍內，
得重製他人已公開發表之著作。

第四十四條但書規定，於前項情形準用之。

第47條

為編製依法令應經教育行政機關審定之教科用書，或教育行政機關編製教科
用書者，在合理範圍內，得重製、改作或編輯他人已公開發表之著作。

前項規定，於編製附隨於該教科用書且專供教學之人教學用之輔助用品，準
用之。但以由該教科用書編製者編製為限。

依法設立之各級學校或教育機構，為教育目的之必要，在合理範圍內，得公
開播送他人已公開發表之著作。

前三項情形，利用人應將利用情形通知著作財產權人並支付使用報酬。使用
報酬率，由主管機關定之。

第48條

供公眾使用之圖書館、博物館、歷史館、科學館、藝術館或其他文教機構，
於下列情形之一，得就其收藏之著作重製之：

一、應閱覽人供個人研究之要求，重製已公開發表著作之一部分，或期刊或
　　已公開發表之研討會論文集之單篇著作，每人以一份為限。

二、基於保存資料之必要者。

三、就絕版或難以購得之著作，應同性質機構之要求者。

第48-1條

中央或地方機關、依法設立之教育機構或供公眾使用之圖書館，得重製下列
已公開發表之著作所附之摘要：

一、依學位授予法撰寫之碩士、博士論文，著作人已取得學位者。

二、刊載於期刊中之學術論文。

三、已公開發表之研討會論文集或研究報告。

第49條

以廣播、攝影、錄影、新聞紙、網路或其他方法為時事報導者，在報導之必
要範圍內，得利用其報導過程中所接觸之著作。

第50條

以中央或地方機關或公法人之名義公開發表之著作，在合理範圍內，得重
製、公開播送或公開傳輸。

第51條

供個人或家庭為非營利之目的，在合理範圍內，得利用圖書館及非供公眾使
用之機器重製已公開發表之著作。

第52條

為報導、評論、教學、研究或其他正當目的之必要，在合理範圍內，得引用
已公開發表之著作。

第53條

中央或地方政府機關、非營利機構或團體、依法立案之各級學校，為專供視覺障礙者、學習障礙者、聽覺障礙者或其他感知著作有困難之障礙者使用之目的，得以翻譯、點字、錄音、數位轉換、口述影像、附加手語或其他方式利用已公開發表之著作。

前項所定障礙者或其代理人為供該障礙者個人非營利使用，準用前項規定。

依前二項規定製作之著作重製物，得於前二項所定障礙者、中央或地方政府機關、非營利機構或團體、依法立案之各級學校間散布或公開傳輸。

第54條

中央或地方機關、依法設立之各級學校或教育機構辦理之各種考試，得重製已公開發表之著作，供為試題之用。但已公開發表之著作如為試題者，不適用之。

第55條

非以營利為目的，未對觀眾或聽眾直接或間接收取任何費用，且未對表演人支付報酬者，得於活動中公開口述、公開播送、公開上映或公開演出他人已公開發表之著作。

第56條

廣播或電視，為公開播送之目的，得以自己之設備錄音或錄影該著作。但以其公開播送業經著作財產權人之授權或合於本法規定者為限。

前項錄製物除經著作權專責機關核准保存於指定之處所外，應於錄音或錄影後六個月內銷燬之。

第56-1條

為加強收視效能，得以依法令設立之社區共同天線同時轉播依法設立無線電視臺播送之著作，不得變更其形式或內容。

第57條

美術著作或攝影著作原件或合法重製物之所有人或經其同意之人，得公開展示該著作原件或合法重製物。

前項公開展示之人，為向參觀人解說著作，得於說明書內重製該著作。

第58條

於街道、公園、建築物之外壁或其他向公眾開放之戶外場所長期展示之美術著作或建築著作，除下列情形外，得以任何方法利用之：

一、以建築方式重製建築物。

二、以雕塑方式重製雕塑物。

三、為於本條規定之場所長期展示目的所為之重製。

四、專門以販賣美術著作重製物為目的所為之重製。

第59條

合法電腦程式著作重製物之所有人得因配合其所使用機器之需要，修改其程式，或因備用存檔之需要重製其程式。但限於該所有人自行使用。

前項所有人因滅失以外之事由，喪失原重製物之所有權者，除經著作財產權人同意外，應將其修改或重製之程式銷燬之。

第59-1條

在中華民國管轄區域內取得著作原件或其合法重製物所有權之人，得以移轉所有權之方式散布之。

第60條

著作原件或其合法著作重製物之所有人，得出租該原件或重製物。但錄音及電腦程式著作，不適用之。

附含於貨物、機器或設備之電腦程式著作重製物，隨同貨物、機器或設備合法出租且非該項出租之主要標的物者，不適用前項但書之規定。

第61條

揭載於新聞紙、雜誌或網路上有關政治、經濟或社會上時事問題之論述,得由其他新聞紙、雜誌轉載或由廣播或電視公開播送,或於網路上公開傳輸。但經註明不許轉載、公開播送或公開傳輸者,不在此限。

第62條

政治或宗教上之公開演說、裁判程序及中央或地方機關之公開陳述,任何人得利用之。但專就特定人之演說或陳述,編輯成編輯著作者,應經著作財產權人之同意。

第63條

依第四十四條、第四十五條、第四十八條第一款、第四十八條之一至第五十條、第五十二條至第五十五條、第六十一條及第六十二條規定得利用他人著作者,得翻譯該著作。

依第四十六條及第五十一條規定得利用他人著作者,得改作該著作。

依第四十六條至第五十條、第五十二條至第五十四條、第五十七條第二項、第五十八條、第六十一條及第六十二條規定利用他人著作者,得散布該著作。

第64條

依第四十四條至第四十七條、第四十八條之一至第五十條、第五十二條、第五十三條、第五十五條、第五十七條、第五十八條、第六十條至第六十三條規定利用他人著作者,應明示其出處。

前項明示出處,就著作人之姓名或名稱,除不具名著作或著作人不明者外,應以合理之方式為之。

第65條

著作之合理使用,不構成著作財產權之侵害。

著作之利用是否合於第四十四條至第六十三條所定之合理範圍或其他合理使

用之情形，應審酌一切情狀，尤應注意下列事項，以爲判斷之基準：

一、利用之目的及性質，包括係爲商業目的或非營利教育目的。

二、著作之性質。

三、所利用之質量及其在整個著作所占之比例。

四、利用結果對著作潛在市場與現在價值之影響。

著作權人團體與利用人團體就著作之合理使用範圍達成協議者，得爲前項判斷之參考。

前項協議過程中，得諮詢著作權專責機關之意見。

第66條

第四十四條至第六十三條及第六十五條規定，對著作人之著作人格權不生影響。

第五款　著作利用之強制授權

第67條

（刪除）

第68條

（刪除）

第69條

錄有音樂著作之銷售用錄音著作發行滿六個月，欲利用該音樂著作錄製其他銷售用錄音著作者，經申請著作權專責機關許可強制授權，並給付使用報酬後，得利用該音樂著作，另行錄製。

前項音樂著作強制授權許可、使用報酬之計算方式及其他應遵行事項之辦法，由主管機關定之。

第70條

依前條規定利用音樂著作者，不得將其錄音著作之重製物銷售至中華民國管轄區域外。

第71條

依第六十九條規定，取得強制授權之許可後，發現其申請有虛偽情事者，著作權專責機關應撤銷其許可。

依第六十九條規定，取得強制授權之許可後，未依著作權專責機關許可之方式利用著作者，著作權專責機關應廢止其許可。

第72條

（刪除）

第73條

（刪除）

第74條

（刪除）

第75條

（刪除）

第76條

（刪除）

第77條

（刪除）

第78條

（刪除）

第四章　製版權

第79條

無著作財產權或著作財產權消滅之文字著述或美術著作，經製版人就文字著述整理印刷，或就美術著作原件以影印、印刷或類似方式重製首次發行，並依法登記者，製版人就其版面，專有以影印、印刷或類似方式重製之權利。

製版人之權利，自製版完成時起算存續十年。

前項保護期間，以該期間屆滿當年之末日，爲期間之終止。

製版權之讓與或信託，非經登記，不得對抗第三人。

製版權登記、讓與登記、信託登記及其他應遵行事項之辦法，由主管機關定之。

第80條

第四十二條及第四十三條有關著作財產權消滅之規定、第四十四條至第四十八條、第四十九條、第五十一條、第五十二條、第五十四條、第六十四條及第六十五條關於著作財產權限制之規定，於製版權準用之。

第四章之一　權利管理電子資訊及防盜拷措施

第80-1條

著作權人所爲之權利管理電子資訊，不得移除或變更。但有下列情形之一者，不在此限：

一、因行爲時之技術限制，非移除或變更著作權利管理電子資訊即不能合法
　　利用該著作。

二、錄製或傳輸系統轉換時，其轉換技術上必要之移除或變更。

明知著作權利管理電子資訊，業經非法移除或變更者，不得散布或意圖散布而輸入或持有該著作原件或其重製物，亦不得公開播送、公開演出或公開傳輸。

第80-2條

著作權人所採取禁止或限制他人擅自進入著作之防盜拷措施，未經合法授權不得予以破解、破壞或以其他方法規避之。

破解、破壞或規避防盜拷措施之設備、器材、零件、技術或資訊，未經合法授權不得製造、輸入、提供公眾使用或爲公眾提供服務。

前二項規定，於下列情形不適用之：

一、為維護國家安全者。

二、中央或地方機關所為者。

三、檔案保存機構、教育機構或供公眾使用之圖書館，為評估是否取得資料
　　所為者。

四、為保護未成年人者。

五、為保護個人資料者。

六、為電腦或網路進行安全測試者。

七、為進行加密研究者。

八、為進行還原工程者。

九、為依第四十四條至第六十三條及第六十五條規定利用他人著作者。

十、其他經主管機關所定情形。

前項各款之內容，由主管機關定之，並定期檢討。

第五章　著作權集體管理團體與著作權審議及調解委員會

第81條

著作財產權人為行使權利、收受及分配使用報酬，經著作權專責機關之許
可，得組成著作權集體管理團體。

專屬授權之被授權人，亦得加入著作權集體管理團體。

第一項團體之許可設立、組織、職權及其監督、輔導，另以法律定之。

第82條

著作權專責機關應設置著作權審議及調解委員會，辦理下列事項：

一、第四十七條第四項規定使用報酬率之審議。

二、著作權集體管理團體與利用人間，對使用報酬爭議之調解。

三、著作權或製版權爭議之調解。

四、其他有關著作權審議及調解之諮詢。

前項第三款所定爭議之調解，其涉及刑事者，以告訴乃論罪之案件為限。

第82-1條

著作權專責機關應於調解成立後七日內，將調解書送請管轄法院審核。

前項調解書，法院應儘速審核，除有違反法令、公序良俗或不能強制執行者外，應由法官簽名並蓋法院印信，除抽存一份外，發還著作權專責機關送達當事人。

法院未予核定之事件，應將其理由通知著作權專責機關。

第82-2條

調解經法院核定後，當事人就該事件不得再行起訴、告訴或自訴。

前項經法院核定之民事調解，與民事確定判決有同一之效力；經法院核定之刑事調解，以給付金錢或其他代替物或有價證券之一定數量為標的者，其調解書具有執行名義。

第82-3條

民事事件已繫屬於法院，在判決確定前，調解成立，並經法院核定者，視為於調解成立時撤回起訴。

刑事事件於偵查中或第一審法院辯論終結前，調解成立，經法院核定，並經當事人同意撤回者，視為於調解成立時撤回告訴或自訴。

第82-4條

民事調解經法院核定後，有無效或得撤銷之原因者，當事人得向原核定法院提起宣告調解無效或撤銷調解之訴。

前項訴訟，當事人應於法院核定之調解書送達後三十日內提起之。

第83條

前條著作權審議及調解委員會之組織規程及有關爭議之調解辦法，由主管機關擬訂，報請行政院核定後發布之。

第六章　權利侵害之救濟

第84條

著作權人或製版權人對於侵害其權利者，得請求排除之，有侵害之虞者，得請求防止之。

第85條

侵害著作人格權者，負損害賠償責任。雖非財產上之損害，被害人亦得請求賠償相當之金額。

前項侵害，被害人並得請求表示著作人之姓名或名稱、更正內容或為其他回復名譽之適當處分。

第86條

著作人死亡後，除其遺囑另有指定外，下列之人，依順序對於違反第十八條或有違反之虞者，得依第八十四條及前條第二項規定，請求救濟：

一、配偶。

二、子女。

三、父母。

四、孫子女。

五、兄弟姊妹。

六、祖父母。

第87條

有下列情形之一者，除本法另有規定外，視為侵害著作權或製版權：

一、以侵害著作人名譽之方法利用其著作者。

二、明知為侵害製版權之物而散布或意圖散布而公開陳列或持有者。

三、輸入未經著作財產權人或製版權人授權重製之重製物或製版物者。

四、未經著作財產權人同意而輸入著作原件或其國外合法重製物者。

五、以侵害電腦程式著作財產權之重製物作為營業之使用者。

六、明知為侵害著作財產權之物而以移轉所有權或出租以外之方式散布者，或明知為侵害著作財產權之物，意圖散布而公開陳列或持有者。

七、未經著作財產權人同意或授權，意圖供公眾透過網路公開傳輸或重製他人著作，侵害著作財產權，對公眾提供可公開傳輸或重製著作之電腦程式或其他技術，而受有利益者。

八、明知他人公開播送或公開傳輸之著作侵害著作財產權，意圖供公眾透過網路接觸該等著作，有下列情形之一而受有利益者：

（一）提供公眾使用匯集該等著作網路位址之電腦程式。

（二）指導、協助或預設路徑供公眾使用前目之電腦程式。

（三）製造、輸入或銷售載有第一目之電腦程式之設備或器材。

前項第七款、第八款之行為人，採取廣告或其他積極措施，教唆、誘使、煽惑、說服公眾利用者，為具備該款之意圖。

第87-1條

有下列情形之一者，前條第四款之規定，不適用之：

一、為供中央或地方機關之利用而輸入。但為供學校或其他教育機構之利用而輸入或非以保存資料之目的而輸入視聽著作原件或其重製物者，不在此限。

二、為供非營利之學術、教育或宗教機構保存資料之目的而輸入視聽著作原件或一定數量重製物，或為其圖書館借閱或保存資料之目的而輸入視聽著作以外之其他著作原件或一定數量重製物，並應依第四十八條規定利用之。

三、為供輸入者個人非散布之利用或屬入境人員行李之一部分而輸入著作原件或一定數量重製物者。

四、中央或地方政府機關、非營利機構或團體、依法立案之各級學校，為專供視覺障礙者、學習障礙者、聽覺障礙者或其他感知著作有困難之障礙者使用之目的，得輸入以翻譯、點字、錄音、數位轉換、口述影像、附

加手語或其他方式重製之著作重製物，並應依第五十三條規定利用之。

五、附含於貨物、機器或設備之著作原件或其重製物，隨同貨物、機器或設備之合法輸入而輸入者，該著作原件或其重製物於使用或操作貨物、機器或設備時不得重製。

六、附屬於貨物、機器或設備之說明書或操作手冊隨同貨物、機器或設備之合法輸入而輸入者。但以說明書或操作手冊為主要輸入者，不在此限。

前項第二款及第三款之一定數量，由主管機關另定之。

第88條

因故意或過失不法侵害他人之著作財產權或製版權者，負損害賠償責任。

數人共同不法侵害者，連帶負賠償責任。

前項損害賠償，被害人得依下列規定擇一請求：

一、依民法第二百十六條之規定請求。但被害人不能證明其損害時，得以其行使權利依通常情形可得預期之利益，減除被侵害後行使同一權利所得利益之差額，為其所受損害。

二、請求侵害人因侵害行為所得之利益。但侵害人不能證明其成本或必要費用時，以其侵害行為所得之全部收入，為其所得利益。

依前項規定，如被害人不易證明其實際損害額，得請求法院依侵害情節，在新臺幣一萬元以上一百萬元以下酌定賠償額。如損害行為屬故意且情節重大者，賠償額得增至新臺幣五百萬元。

第88-1條

依第八十四條或前條第一項請求時，對於侵害行為作成之物或主要供侵害所用之物，得請求銷燬或為其他必要之處置。

第89條

被害人得請求由侵害人負擔費用，將判決書內容全部或一部登載新聞紙、雜誌。

第89-1條

第八十五條及第八十八條之損害賠償請求權,自請求權人知有損害及賠償義務人時起,二年間不行使而消滅。自有侵權行為時起,逾十年者亦同。

第90條

共同著作之各著作權人,對於侵害其著作權者,得各依本章之規定,請求救濟,並得按其應有部分,請求損害賠償。

前項規定,於因其他關係成立之共有著作財產權或製版權之共有人準用之。

第90-1條

著作權人或製版權人對輸入或輸出侵害其著作權或製版權之物者,得申請海關先予查扣。

前項申請應以書面為之,並釋明侵害之事實,及提供相當於海關核估該進口貨物完稅價格或出口貨物離岸價格之保證金,作為被查扣人因查扣所受損害之賠償擔保。

海關受理查扣之申請,應即通知申請人。如認符合前項規定而實施查扣時,應以書面通知申請人及被查扣人。

申請人或被查扣人,得向海關申請檢視被查扣之物。

查扣之物,經申請人取得法院民事確定判決,屬侵害著作權或製版權者,由海關予以沒入。沒入物之貨櫃延滯費、倉租、裝卸費等有關費用暨處理銷燬費用應由被查扣人負擔。

前項處理銷燬所需費用,經海關限期通知繳納而不繳納者,依法移送強制執行。

有下列情形之一者,除由海關廢止查扣依有關進出口貨物通關規定辦理外,申請人並應賠償被查扣人因查扣所受損害:

一、查扣之物經法院確定判決,不屬侵害著作權或製版權之物者。

二、海關於通知申請人受理查扣之日起十二日內,未被告知就查扣物為侵害物之訴訟已提起者。

三、申請人申請廢止查扣者。

前項第二款規定之期限，海關得視需要延長十二日。

有下列情形之一者，海關應依申請人之申請返還保證金：

一、申請人取得勝訴之確定判決或與被查扣人達成和解，已無繼續提供保證金之必要者。

二、廢止查扣後，申請人證明已定二十日以上之期間，催告被查扣人行使權利而未行使者。

三、被查扣人同意返還者。

被查扣人就第二項之保證金與質權人有同一之權利。

海關於執行職務時，發現進出口貨物外觀顯有侵害著作權之嫌者，得於一個工作日內通知權利人並通知進出口人提供授權資料。權利人接獲通知後對於空運出口貨物應於四小時內，空運進口及海運進出口貨物應於一個工作日內至海關協助認定。權利人不明或無法通知，或權利人未於通知期限內至海關協助認定，或經權利人認定系爭標的物未侵權者，若無違反其他通關規定，海關應即放行。

經認定疑似侵權之貨物，海關應採行暫不放行措施。

海關採行暫不放行措施後，權利人於三個工作日內，未依第一項至第十項向海關申請查扣，或未採行保護權利之民事、刑事訴訟程序，若無違反其他通關規定，海關應即放行。

第90-2條

前條之實施辦法，由主管機關會同財政部定之。

第90-3條

違反第八十條之一或第八十條之二規定，致著作權人受損害者，負賠償責任。數人共同違反者，負連帶賠償責任。

第八十四條、第八十八條之一、第八十九條之一及第九十條之一規定，於違反第八十條之一或第八十條之二規定者，準用之。

第六章之一　網路服務提供者之民事免責事由

第90-4條

符合下列規定之網路服務提供者，適用第九十條之五至第九十條之八之規定：

一、以契約、電子傳輸、自動偵測系統或其他方式，告知使用者其著作權或製版權保護措施，並確實履行該保護措施。

二、以契約、電子傳輸、自動偵測系統或其他方式，告知使用者若有三次涉有侵權情事，應終止全部或部分服務。

三、公告接收通知文件之聯繫窗口資訊。

四、執行第三項之通用辨識或保護技術措施。

連線服務提供者於接獲著作權人或製版權人就其使用者所為涉有侵權行為之通知後，將該通知以電子郵件轉送該使用者，視為符合前項第一款規定。

著作權人或製版權人已提供為保護著作權或製版權之通用辨識或保護技術措施，經主管機關核可者，網路服務提供者應配合執行之。

第90-5條

有下列情形者，連線服務提供者對其使用者侵害他人著作權或製版權之行為，不負賠償責任：

一、所傳輸資訊，係由使用者所發動或請求。

二、資訊傳輸、發送、連結或儲存，係經由自動化技術予以執行，且連線服務提供者未就傳輸之資訊為任何篩選或修改。

第90-6條

有下列情形者，快速存取服務提供者對其使用者侵害他人著作權或製版權之行為，不負賠償責任：

一、未改變存取之資訊。

二、於資訊提供者就該自動存取之原始資訊為修改、刪除或阻斷時，透過自動化技術為相同之處理。

三、經著作權人或製版權人通知其使用者涉有侵權行為後，立即移除或使他人無法進入該涉有侵權之內容或相關資訊。

第90-7條

有下列情形者，資訊儲存服務提供者對其使用者侵害他人著作權或製版權之行為，不負賠償責任：

一、對使用者涉有侵權行為不知情。

二、未直接自使用者之侵權行為獲有財產上利益。

三、經著作權人或製版權人通知其使用者涉有侵權行為後，立即移除或使他人無法進入該涉有侵權之內容或相關資訊。

第90-8條

有下列情形者，搜尋服務提供者對其使用者侵害他人著作權或製版權之行為，不負賠償責任：

一、對所搜尋或連結之資訊涉有侵權不知情。

二、未直接自使用者之侵權行為獲有財產上利益。

三、經著作權人或製版權人通知其使用者涉有侵權行為後，立即移除或使他人無法進入該涉有侵權之內容或相關資訊。

第90-9條

資訊儲存服務提供者應將第九十條之七第三款處理情形，依其與使用者約定之聯絡方式或使用者留存之聯絡資訊，轉送該涉有侵權之使用者。但依其提供服務之性質無法通知者，不在此限。

前項之使用者認其無侵權情事者，得檢具回復通知文件，要求資訊儲存服務提供者回復其被移除或使他人無法進入之內容或相關資訊。

資訊儲存服務提供者於接獲前項之回復通知後，應立即將回復通知文件轉送著作權人或製版權人。

著作權人或製版權人於接獲資訊儲存服務提供者前項通知之次日起十個工作日內，向資訊儲存服務提供者提出已對該使用者訴訟之證明者，資訊儲存服

務提供者不負回復之義務。

著作權人或製版權人未依前項規定提出訴訟之證明，資訊儲存服務提供者至遲應於轉送回復通知之次日起十四個工作日內，回復被移除或使他人無法進入之內容或相關資訊。但無法回復者，應事先告知使用者，或提供其他適當方式供使用者回復。

第90-10條

有下列情形之一者，網路服務提供者對涉有侵權之使用者，不負賠償責任：

一、依第九十條之六至第九十條之八之規定，移除或使他人無法進入該涉有侵權之內容或相關資訊。

二、知悉使用者所爲涉有侵權情事後，善意移除或使他人無法進入該涉有侵權之內容或相關資訊。

第90-11條

因故意或過失，向網路服務提供者提出不實通知或回復通知，致使用者、著作權人、製版權人或網路服務提供者受有損害者，負損害賠償責任。

第90-12條

第九十條之四聯繫窗口之公告、第九十條之六至第九十條之九之通知、回復通知內容、應記載事項、補正及其他應遵行事項之辦法，由主管機關定之。

第七章　罰則

第91條

擅自以重製之方法侵害他人之著作財產權者，處三年以下有期徒刑、拘役，或科或併科新臺幣七十五萬元以下罰金。

意圖銷售或出租而擅自以重製之方法侵害他人之著作財產權者，處六月以上五年以下有期徒刑，得併科新臺幣二十萬元以上二百萬元以下罰金。

以重製於光碟之方法犯前項之罪者，處六月以上五年以下有期徒刑，得併科新臺幣五十萬元以上五百萬元以下罰金。

著作僅供個人參考或合理使用者，不構成著作權侵害。

第91-1條

擅自以移轉所有權之方法散布著作原件或其重製物而侵害他人之著作財產權者，處三年以下有期徒刑、拘役，或科或併科新臺幣五十萬元以下罰金。

明知係侵害著作財產權之重製物而散布或意圖散布而公開陳列或持有者，處三年以下有期徒刑，得併科新臺幣七萬元以上七十五萬元以下罰金。

犯前項之罪，其重製物為光碟者，處六月以上三年以下有期徒刑，得併科新臺幣二十萬元以上二百萬元以下罰金。但違反第八十七條第四款規定輸入之光碟，不在此限。

犯前二項之罪，經供出其物品來源，因而破獲者，得減輕其刑。

第92條

擅自以公開口述、公開播送、公開上映、公開演出、公開傳輸、公開展示、改作、編輯、出租之方法侵害他人之著作財產權者，處三年以下有期徒刑、拘役，或科或併科新臺幣七十五萬元以下罰金。

第93條

有下列情形之一者，處二年以下有期徒刑、拘役，或科或併科新臺幣五十萬元以下罰金：

一、侵害第十五條至第十七條規定之著作人格權者。

二、違反第七十條規定者。

三、以第八十七條第一項第一款、第三款、第五款或第六款方法之一侵害他人之著作權者。但第九十一條之一第二項及第三項規定情形，不在此限。

四、違反第八十七條第一項第七款或第八款規定者。

第94條

（刪除）

第95條

違反第一百十二條規定者，處一年以下有期徒刑、拘役，或科或併科新臺幣二萬元以上二十五萬元以下罰金。

第96條

違反第五十九條第二項或第六十四條規定者，科新臺幣五萬元以下罰金。

第96-1條

有下列情形之一者，處一年以下有期徒刑、拘役，或科或併科新臺幣二萬元以上二十五萬元以下罰金：

一、違反第八十條之一規定者。

二、違反第八十條之二第二項規定者。

第96-2條

依本章科罰金時，應審酌犯人之資力及犯罪所得之利益。如所得之利益超過罰金最多額時，得於所得利益之範圍內酌量加重。

第97條

（刪除）

第97-1條

事業以公開傳輸之方法，犯第九十一條、第九十二條及第九十三條第四款之罪，經法院判決有罪者，應即停止其行為；如不停止，且經主管機關邀集專家學者及相關業者認定侵害情節重大，嚴重影響著作財產權人權益者，主管機關應限期一個月內改正，屆期不改正者，得命令停業或勒令歇業。

第98條

犯第九十一條第三項及第九十一條之一第三項之罪，其供犯罪所用、犯罪預備之物或犯罪所生之物，不問屬於犯罪行為人與否，得沒收之。

第98-1條

犯第九十一條第三項或第九十一條之一第三項之罪,其行為人逃逸而無從確認者,供犯罪所用或因犯罪所得之物,司法警察機關得逕為沒入。

前項沒入之物,除沒入款項繳交國庫外,銷燬之。其銷燬或沒入款項之處理程序,準用社會秩序維護法相關規定辦理。

第99條

犯第九十一條至第九十三條、第九十五條之罪者,因被害人或其他有告訴權人之聲請,得令將判決書全部或一部登報,其費用由被告負擔。

第100條

本章之罪,須告訴乃論。但犯第九十一條第三項及第九十一條之一第三項之罪,不在此限。

第101條

法人之代表人、法人或自然人之代理人、受雇人或其他從業人員,因執行業務,犯第九十一條至第九十三條、第九十五條至第九十六條之一之罪者,除依各該條規定處罰其行為人外,對該法人或自然人亦科各該條之罰金。

對前項行為人、法人或自然人之一方告訴或撤回告訴者,其效力及於他方。

第102條

未經認許之外國法人,對於第九十一條至第九十三條、第九十五條至第九十六條之一之罪,得為告訴或提起自訴。

第103條

司法警察官或司法警察對侵害他人之著作權或製版權,經告訴、告發者,得依法扣押其侵害物,並移送偵辦。

第104條

(刪除)

第八章　附則

第105條

依本法申請強制授權、製版權登記、製版權讓與登記、製版權信託登記、調解、查閱製版權登記或請求發給謄本者，應繳納規費。

前項收費基準，由主管機關定之。

第106條

著作完成於中華民國八十一年六月十日本法修正施行前，且合於中華民國八十七年一月二十一日修正施行前本法第一百零六條至第一百零九條規定之一者，除本章另有規定外，適用本法。

著作完成於中華民國八十一年六月十日本法修正施行後者，適用本法。

第106-1條

著作完成於世界貿易組織協定在中華民國管轄區域內生效日之前，未依歷次本法規定取得著作權而依本法所定著作財產權期間計算仍在存續中者，除本章另有規定外，適用本法。但外國人著作在其源流國保護期間已屆滿者，不適用之。

前項但書所稱源流國依西元一九七一年保護文學與藝術著作之伯恩公約第五條規定決定之。

第106-2條

依前條規定受保護之著作，其利用人於世界貿易組織協定在中華民國管轄區域內生效日之前，已著手利用該著作或為利用該著作已進行重大投資者，除本章另有規定外，自該生效日起二年內，得繼續利用，不適用第六章及第七章規定。

自中華民國九十二年六月六日本法修正施行起，利用人依前項規定利用著作者，除出租或出借之情形外，應對被利用著作之著作財產權人支付該著作一般經自由磋商所應支付合理之使用報酬。

依前條規定受保護之著作，利用人未經授權所完成之重製物，自本法修正公布一年後，不得再行銷售。但仍得出租或出借。

利用依前條規定受保護之著作另行創作之著作重製物，不適用前項規定。但除合於第四十四條至第六十五條規定外，應對被利用著作之著作財產權人支付該著作一般經自由磋商所應支付合理之使用報酬。

第106-3條

於世界貿易組織協定在中華民國管轄區域內生效日之前，就第一百零六條之一著作改作完成之衍生著作，且受歷次本法保護者，於該生效日以後，得繼續利用，不適用第六章及第七章規定。

自中華民國九十二年六月六日本法修正施行起，利用人依前項規定利用著作者，應對原著作之著作財產權人支付該著作一般經自由磋商所應支付合理之使用報酬。

前二項規定，對衍生著作之保護，不生影響。

第107條

（刪除）

第108條

（刪除）

第109條

（刪除）

第110條

第十三條規定，於中華民國八十一年六月十日本法修正施行前已完成註冊之著作，不適用之。

第111條

有下列情形之一者，第十一條及第十二條規定，不適用之：

一、依中華民國八十一年六月十日修正施行前本法第十條及第十一條規定取

得著作權者。

二、依中華民國八十七年一月二十一日修正施行前本法第十一條及第十二條
　　規定取得著作權者。

第112條

中華民國八十一年六月十日本法修正施行前，翻譯受中華民國八十一年六月
十日修正施行前本法保護之外國人著作，如未經其著作權人同意者，於中華
民國八十一年六月十日本法修正施行後，除合於第四十四條至第六十五條規
定者外，不得再重製。

前項翻譯之重製物，於中華民國八十一年六月十日本法修正施行滿二年後，
不得再行銷售。

第113條

自中華民國九十二年六月六日本法修正施行前取得之製版權，依本法所定權
利期間計算仍在存續中者，適用本法規定。

第114條

（刪除）

第115條

本國與外國之團體或機構互訂保護著作權之協議，經行政院核准者，視為第
四條所稱協定。

第115-1條

製版權登記簿、註冊簿或製版物樣本，應提供民眾閱覽抄錄。

中華民國八十七年一月二十一日本法修正施行前之著作權註冊簿、登記簿或
著作樣本，得提供民眾閱覽抄錄。

第115-2條

法院為處理著作權訴訟案件，得設立專業法庭或指定專人辦理。

著作權訴訟案件，法院應以判決書正本一份送著作權專責機關。

第116條

（刪除）

第117條

本法除中華民國八十七年一月二十一日修正公布之第一百零六條之一至第一百零六條之三規定，自世界貿易組織協定在中華民國管轄區域內生效日起施行，及中華民國九十五年五月五日修正之條文，自中華民國九十五年七月一日施行外，自公布日施行。

Note

Note

國家圖書館出版品預行編目資料

出版編輯實務／陳文成著. －－初版.－－
　臺北市：五南圖書出版股份有限公司，
　2021.09　面；　公分
　ISBN 978-626-317-055-1（平裝）

1.編輯　2.出版學

487.73　　　　　　　　110012831

1XKZ 通識系列

出版編輯實務

作　　者 ― 陳文成

發 行 人 ― 楊榮川

總 經 理 ― 楊士清

總 編 輯 ― 楊秀麗

副總編輯 ― 黃惠娟

責任編輯 ― 吳佳怡

封面設計 ― 姚孝慈

出 版 者 ― 五南圖書出版股份有限公司

地　　址：106台北市大安區和平東路二段339號4樓

電　　話：(02)2705-5066　　傳　真：(02)2706-6100

網　　址：https://www.wunan.com.tw

電子郵件：wunan@wunan.com.tw

劃撥帳號：01068953

戶　　名：五南圖書出版股份有限公司

法律顧問　林勝安律師事務所　林勝安律師

出版日期　2021年9月初版一刷

定　　價　新臺幣210元

經典永恆・名著常在

五十週年的獻禮——經典名著文庫

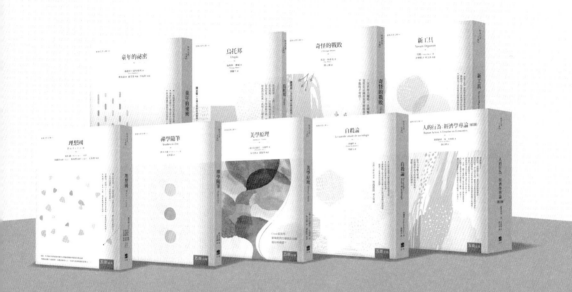

五南，五十年了，半個世紀，人生旅程的一大半，走過來了。
思索著，邁向百年的未來歷程，能為知識界、文化學術界作些什麼？
在速食文化的生態下，有什麼值得讓人雋永品味的？

歷代經典・當今名著，經過時間的洗禮，千錘百鍊，流傳至今，光芒耀人；
不僅使我們能領悟前人的智慧，同時也增深加廣我們思考的深度與視野。
我們決心投入巨資，有計畫的系統梳選，成立「經典名著文庫」，
希望收入古今中外思想性的、充滿睿智與獨見的經典、名著。
這是一項理想性的、永續性的巨大出版工程。
不在意讀者的眾寡，只考慮它的學術價值，力求完整展現先哲思想的軌跡；
為知識界開啟一片智慧之窗，營造一座百花綻放的世界文明公園，
任君遨遊、取菁吸蜜、嘉惠學子！